献给吉特卡

从南极看世界

[捷克] 大卫·伯姆 著/绘　　田钰 译

人民文学出版社 天天出版社

* 为了让身处北半球的你更好地感受南极，这本书的所有页码全部是颠倒的。

目 录

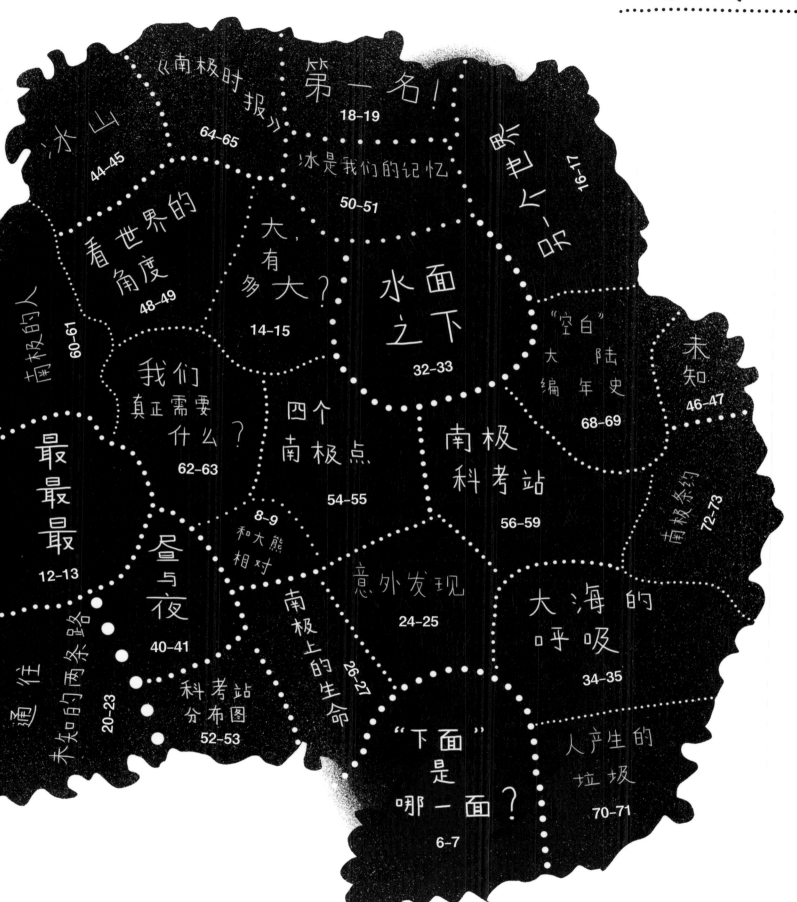

球体既没有开始，也没有结束，地球当然也没有。那么世界从哪里开始，又到哪里结束呢？从上面，还是下面？……这下问题来了！

"下面"是哪一面？

所谓"下面"真的是下面吗？还是对于什么东西，或者对于什么人来说的呢？

我们还是从南极说起吧！南极大陆是世界第五大，也是唯一一个没有人定居的大陆。它不是一个国家，而是一片土地——它属于谁？有人能够完全拥有一片土地、一片海洋或者一片天空吗？所有一切都必须有一个主人吗？南极不属于任何一个人，它属于大家。

它虽然是一片冰冷的荒原，但有着不可替代的意义，例如调节全世界的气候，所以它绝不仅仅是地球下部的一块被积雪覆盖的"威化饼干"。下部？你确信吗？好，我们先来看看什么是"下"：你看见下一页的那个白点了吗？它在下面还是上面？如果颠倒过来看，它又在下面还是上面呢？如果你把书举过头顶呢？那个点会一直在下面吗？如果你在摩天大楼的顶部把书颠倒过来看呢？那个点对于你来说，是在上面还是下面？对于在街上的朋友呢？下和上，近和远——总是相对而言的。总是取决于我们站在哪里看问题。在无限的宇宙中，还有什么其他东西等着我们去探索呢？

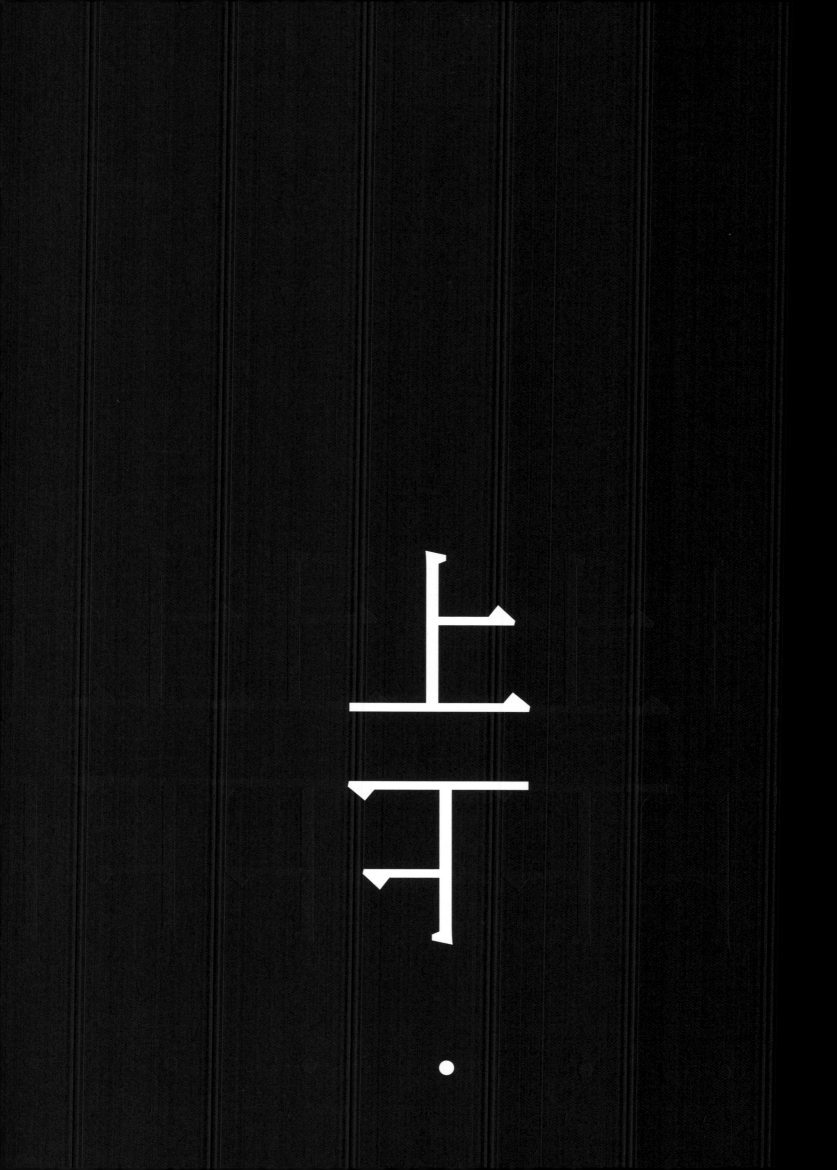

上下.

古希腊人认为世界处于平衡状态，并相信各个大陆也相互平衡。尽管他们无法证明，但他们相信南极存在，甚至还给它想了一个至今都闪闪发光的名字。他们给夜空中的许多星星和星座也起了名字。多亏了他们，我们得以认识大熊座（它的一部分叫北斗七星），以及它尾巴上的北极星。它直指北方，因此不管在海上还是在陆上，它都对指引方向十分重要。在希腊语中，大熊座叫作arktos，因此大熊座之下的整个北部地区被称为Arktida[1]；在地球南端，和大熊座相对的那片地方，在希腊语中叫作antarktiké，很多欧洲语言中的"南极"一词就源于此。

 下

 中

 上

如果点在框里，
我们可以确定点在哪里，
但如果去掉框呢？

我们观察世界的框在哪里呢？

希腊人从来没有去过南极，他们将它想象成一个与已知世界完全相反的世界，一个所有事物都反向运行、充满怪物的世界。关于怪物这点他们可能搞错了，但是反向运行这点倒是一点没错。

这里有什么不同呢？谁都不允许在这里打仗、开采资源，或者占领领土，南极的一切科学研究都向所有人开放，全世界所有国家都对此达成一致。似乎世界其他地方都颠倒了，只有这里一切正常。或许这是因为，人们不会在南极长期生活，而人总是带来麻烦……

1 这个词为推究语，意为"北极"。——译注

8

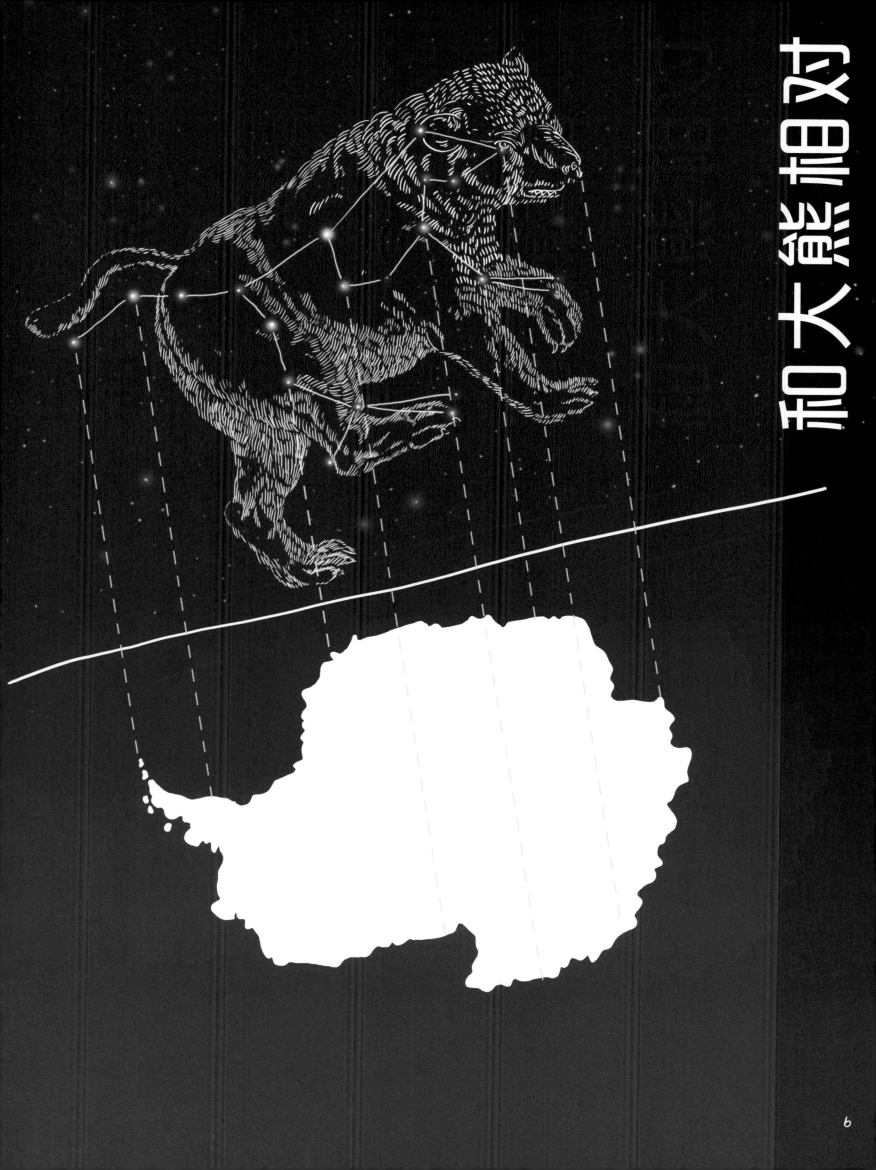
和大熊相对

未知的南部大陆

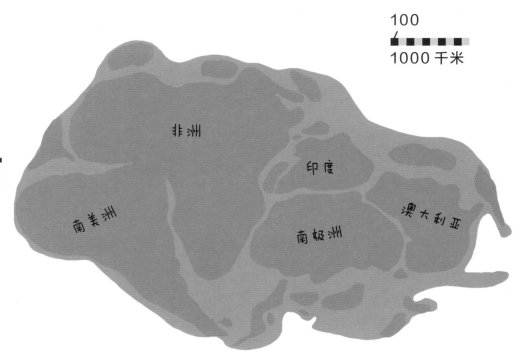

地质构造板块就像构成地壳的巨型积木。高的部分是陆地，低的部分是海洋。构造板块的积木块们不断以跟我们的指甲生长相仿的速度运动。在它们相撞的地方，将发生地震和火山爆发。大约1.8亿年前，南极曾经是一块温暖而活跃的大陆的一部分。冈瓦纳古陆（Gonwana Prontontinent）连接着当今南半球的所有大陆。随着它逐渐解体，非洲首先脱离了它，然后是印度和澳大利亚，最后是南美洲。南极则留到了最后。今天，科学家们借助南极的化石，研究曾经有什么动物或是植物在这里生活过。

以前，未知的地方在地图上都用"HIC SUNT LEONES"字样标记。在拉丁语中，它的意思是"此处有狮子"。这样的地方只会是勇敢者的目的地。有时人们将未知地区命名为TERRA INCOGNITA——未知之地。并且由于很长一段时间以来，人们不清楚在地球南端是否存在大洲或国家，15世纪到18世纪的制图师们都只在地图上绘制了一个"南部未知大陆"的草图，拉丁语写作 *TERRA AUSTRALIS INCOGNITA*。
虽然亚里士多德（Aristotle）和托勒密（Ptolemy）在古代就预言过这片土地的存在，但是距离第一个人看到它，中间相隔了几个世纪的时间。尽管海上航行以及新大陆的发现逐渐减少了地图上的空白区域，但因为冰川包围，船只几乎无法穿越，人类始终难见南极的真面目。

詹姆斯·库克
（1728—1779）

当著名的勇士船长詹姆斯·库克（James Cook）首次进入南极圈时，看到面前的冰山，他说："我敢说，没有人能到达比我更远的地方了，而且这么一片只是可能存在的土地，永远不会有人去探索。人们必须应对难以穿透的雾气、暴风雪、霜冻和其他重重阻碍，并且所有这些困难终将因为这里无法言说的恐怖外貌而变得更加艰难……"

大约5.3亿年前，南极生长着棕榈树。在深海挖掘中发现的棕榈树果实证明了这一点。

这张1593年的南极地图是格拉德·德·裘德（Gerard de Jode）和他的儿子科尔纳利斯（Cornelis）的作品。原件存放在布拉格的捷克国家图书馆里。有趣的是，它绘制于人类第一次看到南极大陆之前，因此它完全是凭想象完成的。更令人惊奇的是，它展现的是从太空观察到的地球，所有这些在当时都需要令人钦佩的想象力。尽管这张地图从今天的眼光看有点过时，并且不太准确，但这都无伤大雅。

最 最 最

最 严寒

南极寒冷并不奇怪。几乎整个南极大陆都被积雪覆盖。它的内陆地区最冷。冬季温度在-40℃到-70℃之间波动，夏季的温度介于-10℃和-40℃之间。在北半球处于夏季的时候，南极的冬季会从5月一直持续到10月。1983年7月21日，俄罗斯的南极科考站"东方站"记录了南极的历史最低温度-89℃。2015年3月23日，位于詹姆斯·罗斯岛的捷克孟德尔南极科考站测出了南极大陆的最高温度，当时温度计显示的温度超过了17℃。

最 干旱

南极是世界上最干旱的地区。这里每年的降水量甚至少于撒哈拉沙漠，从这个角度看，我们可以把南极视为一个沙漠。但令人惊讶的是，南极的冰储存了世界上近四分之三的淡水。南极内陆的降水极少，不过离海岸越近，降水越频繁，每年可达500毫米。大多数情况下，南极的降水都是雪，这些雪是风从海上带来的。偶尔，在海岸上也会下雨。

最 高

南极大陆就像一个白色的海绵蛋糕。它是地球上最高的大陆，平均海拔高度为2020米；亚洲的平均海拔高度是世界第二，为1000米。尽管亚洲有世界上最高的山脉喜马拉雅山脉，但跟南极相比，还是矮了一截。

最 大 的 风

南极大陆上一年四季狂风呼啸。在海岸边，风速甚至会超过250千米/小时，而内陆的风相对较弱。在强风中，由于体感温度低于温度计所指示的温度，人体的温度会下降得更快。举一个例子，当风在-20℃以70千米/小时的速度吹时，人就会感觉像在-50℃一样冷。

南极大部分的大陆表面被冰层覆盖，有的冰层甚至厚达几千米。

西南极大陆

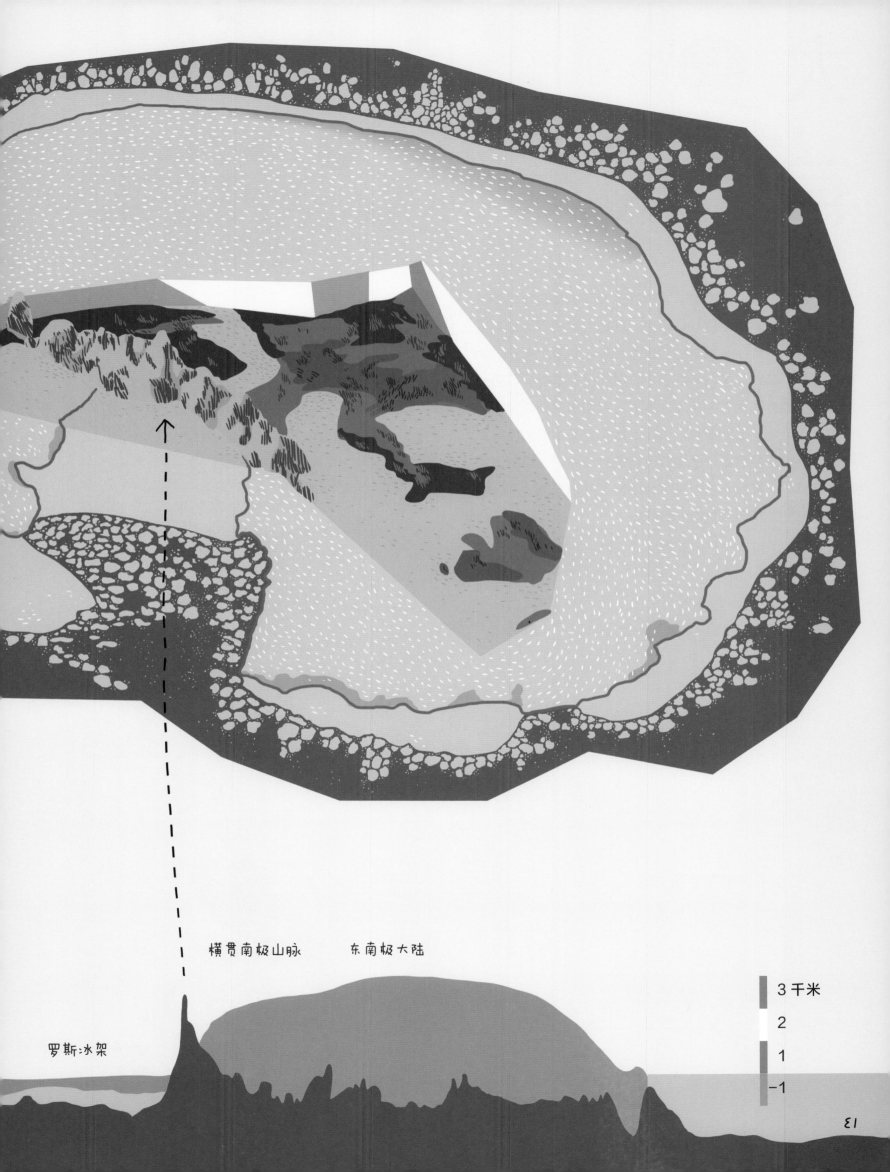

横贯南极山脉　　东南极大陆

罗斯冰架

3 千米
2
1
-1

大 有多大？

船　　火车　　飞机　　网络

当我们说某事物大或小时，大多数情况下是将它与其他事物进行了比较。我们说某座山大，是因为我们看到的其他山都比它小。大小是相对的，也就是说，对某个人来说大的东西，对其他人来说可能很小。很多很多年前，人们只能步行到想去的地方，所以许多地方他们从未去过。这就是为什么100千米的距离在不同的时期具有不同的含义。我们从一个地方到另一个地方所花的时间越少，世界也变得越来越小。而今天我们不仅能使用现实的交通工具，还能借助很多虚拟的手段来提升速度。

如何在平面中描绘球形物体的表面？艺术家托马斯·凡涅克（Tomáš Vaněk）说过："用球体思考，用方形实践。"这句话或许可以给我们一点儿灵感。制图师们一直试图找到一种尽量让球体不走样的方法在平面上描绘地球。你也可以亲身体会一下这个任务有多困难。我们拿一个橙子，在它上面画出各个大洲，然后保持果皮相连将它剥开。剥开后的橙子皮自然不会是方形的。那么，如何用它制作地图呢？马丁·比海姆（Martin Behaim）是最早尝试在二维平面上展现球体表面的制图师之一。他制作的地球仪是世界上现存最古老的地球仪，生产时间是1492年，也就是克里斯托弗·哥伦布（Christopher Columbus）抵达美洲的那一年。

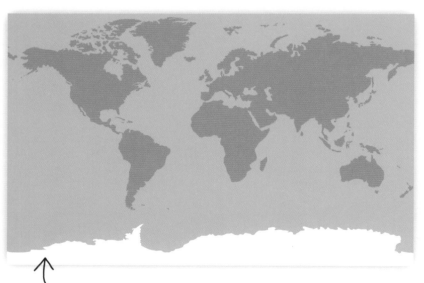

为什么这里的南极这么大？
这是因为制图过程中图形走样了！

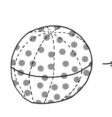
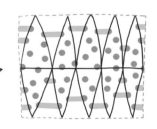

0　　　　1000　　　　2000 千米

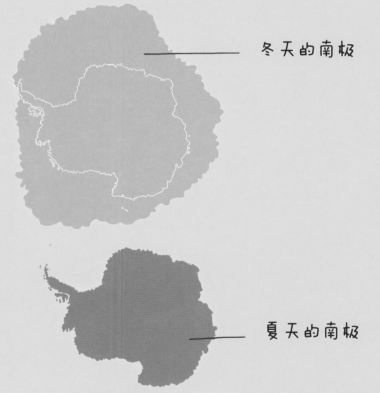

冬天的南极

夏天的南极

没有冰的南极

地图使我们可以从高处俯瞰世界，并帮我们确定什么在远处，什么在近处，制定旅行路线。根据我们要看到的区域大小，我们使用不同比例尺的地图。离地图中心位置越远，失真得越厉害。之前橙子的例子清晰地说明了为什么平面地图上的南极看起来像是一块占据整个底部的巨大大陆。我们当然可以通过将南极大陆与某些已知的大洲，例如欧洲来进行比较，以便更好地想象南极大陆的规模。想一想你上山或去海边要花多长时间——然后想象你在雪中徒步或者滑行同样的距离，而四周只有白茫茫一片。

．．．．．．．．．．．．．．．．．．．．．．．．．．．．．．．．．

如何衡量不断变化的事物的大小？南极大陆基本上是一块被冰覆盖的岩石。它的面积为12272800平方千米。如果我们把大陆架冰川和南极岛屿也计算在内，那么它的面积为13829430平方千米。相比之下，欧洲只有10058912平方千米。此外，每年冬天，南极大陆周围都会形成海冰环，这使冰面面积几乎增加一倍。

另一个世界

南极洲

这张地图有什么特别之处吗？特别在哪里呢？它所显示的世界与大多数其他地图一样，都是变形的。当然，绘制这张地图的视角不同于我们习惯的视角。而看待事物的视角总是取决于我们从哪里观察周围的事物。我们可以从多少个地方看一个球体呢？如果这个球是地球呢？如果我们习惯了某个观察的视角，那么对我们来说，这个视角下的一切都是顺理成章的。但如果我们换个角度看，就可能感到困惑，甚至受到惊吓。因此，我们最好在思考我们看到的东西之外，还思考我们观察它的方式。从更多的方面我们能看到更多的东西，事实证明有些事情与一开始看起来是不一样的。这幅地图只是另一个剥开皮的橙子，但是中间不是我们所习惯的赤道，而是南极。而除了南极之外，所有其他大洲都变形了。

* 本图仅为示意图，展示以南极为中心的世界图景。

1911年12月14日
阿蒙森和他的探险队凝视着被征服的南极点。但是，极点看起来与周围任何一处景观都完全一样。他们借助六分仪，用了三天时间来确定南极点的位置，因为太阳始终围着他们的头顶水平旋转。

这里是阿蒙森和伙伴们旅途中最难的一部分。在名为"恶魔跳舞"的冰原上，埋伏着数以千计几乎看不见的裂缝。

点之间的距离
黎之间的距离。

储存来回旅程所需的食物和燃料的仓库。

从营地到南极点，挪威人来回的旅程花了97天。

罗斯福岛

阿蒙森将"前进号"的营地搭建在了南极鲸鱼湾的冰架上。营地建在这里，虽然冒着底下的冰层破裂的风险，但它比斯科特的营地距离南极点近了60英里。然后，他和手下开始往南极点方向建造补给食物和燃料的仓库。全体队员在"前进号"营地中平安度过了冬季。10月，南极夏季开始之初，阿蒙森和五名队员出发前往南极点。

"前进号"营地

鲸鱼湾

挪威探险船叫作"弗拉姆"——意思是"前进号"。

88°

87°

85°

78°

77°

76°

通往未知的

罗尔德·阿蒙森
（Roald Amundsen）
1872—1928

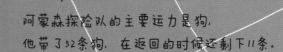

阿蒙森探险队的主要运力是狗，
他带了52条狗，在返回的时候还剩下11条。

"前进号"营地和南极
大致相当于莫斯科和巴

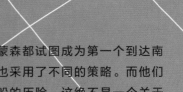

从南极返回后，
阿蒙森获得了空前关注。

罗伯特·法尔肯·斯科特和罗尔德·阿蒙森都试图成为第一个到达南极点的人。他们各自怀着不同的目的，也采用了不同的策略。而他们前往世界最南端的旅程成为了一次史诗般的历险。这绝不是一个关于弱者的故事，它讲述了一段在冰天雪地中的征程，四周只有使人目眩的白色冰雪，处于极限的人们在冰冷的帐篷里相互蜷缩在一起。两位主人公从未相遇过。他们也猜不到在征服南极的故事中，他们的名字将不可分割。并且，他们永远也不会想到，日后伫立在南极的一个科考站会同时以他俩的名字来命名。

阿蒙森最初的计划是进行一次北极远征，但一个美国探险队抢先一步。对此，阿蒙森并没有气馁，他继续准备，为这次探险筹集资金，并获取关注。虽然他已经告诉所有人他准备北上，但他其实早就暗自改变了目的地。雄心壮志驱使他来到了可以继续赢得第一的地方——南极。

他很清楚，如果他设法将计划保密到最后一刻，他将占得先机。因此，他直到航行开始后才向队员们透露自己的计划。改变方向得到了全体成员的同意，接着阿蒙森电报通知了对此还毫不知情的斯科特。

第一名！

1773 探险革命

詹姆斯·库克可能是第一个进入南极圈的人，虽然他踏上的冰层尚不属于南极。

1820 东方号

来自米尔内号（Mirny）和东方号（Vostok）的水手第一次看到了南极的真容。

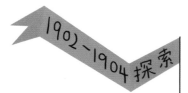

1902-1904 探索

罗伯特·法尔肯·斯科特（Robert F. Scott）和欧内斯特·沙克尔顿（Ernest Shackleton）进行了第一次南极探险。

猎人号 1909

英国的第二次探险结束在距离南极点仅160千米的地方。因为太过危险，探险队队长沙克尔顿决定返回。只有一个伟大的领队才能做出这样的决定。

据说沙克尔顿在1907年发布在报纸上的广告里宣称："我正在寻找能进行危险航行的志愿者。工资低，需要在严寒、长时间完全黑暗的环境中工作。归期不定。只有成功了，你才能获得荣誉和赞赏。"这个广告准确地说明了有志参加南极探险的人的期望和前景。因此，哪怕这则广告只是人们虚构的，也没有关系，因为它非常有说服力，让人相信沙克尔顿完全能写得出来。

我们事事争先的欲望从何而来？南极点对大多数人而言，只是一个想象中（以及地图上）的地方；它对另一些人来说，则是一件战利品。为什么有人花了那么多资源和那么大力气，愿意为了某种根本无用的东西去冒险？当"争当第一"成为目标时，我们就好像停止了思考和自我考问：究竟为什么比赛？为什么要让自己陷入危险？有时候，各个国家表现得就像班上的孩子们，一个个只想争强好胜。不惜代价争当第一和有勇气率先做某件事情是不同的两件事。这个世界值得我们去发现和探索，但谁也不应该盲目。当人们像戴着眼罩的赛马一样向前狂奔时，也就无法感知这个多姿多彩的世界了……

持久号 1914—1916

沙克尔顿的船在试图越过南极大陆时，被困在冰中压碎了。

开南丸号 1910—1912

在罗伯特·法尔肯·斯科特和罗尔德·阿蒙森同时期，白濑矗（Nobu Shirase）率领的日本探险队也试图征服南极。日本人到达时，南极大陆的冬天刚好即将开始，因此他们不得不后撤。越冬之后，他们再次出发前往南极，并与阿蒙森的船只相遇。

1911 前进号

阿蒙森借用了他的同乡弗里特约夫·南森（Fridtjof Nansen）的船进行探险。由于船巧妙的构造，冰并没能把它挤碎，而是把它推了上来。1911年12月14日，阿蒙森率先到达南极点，比竞争对手斯科特早了35天。

1911 特拉诺瓦号

斯科特再次远征南极点，并永远没能再从南极回来。

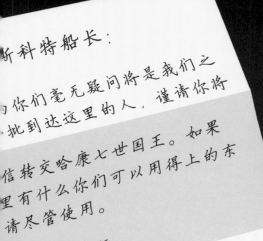

斯科特船长：

...你们毫无疑问将是我们之...批到达这里的人，谨请你将...信转交哈康七世国王。如果...里有什么你们可以用得上的东...请尽管使用。

...你们回程好运。

罗尔德·阿蒙森

罗伯特·法尔肯·斯科特
（Robert Falcon Scott）
1868 — 1912

机动雪橇和小马也是斯科特探险队的一部分。
但是机动雪橇在严寒中故障频繁，小马则陷入
了厚厚的雪里。

英国探险船叫"特拉诺瓦"号——意为"新世界"。

斯科特已经是第二次远征南极了。他是英国派出的代表，那里的人深信，他们既拥有征服南极的工具，也拥有征服南极的优先权。斯科特根本没想到，他需要和别人为了谁第一个到达南极点而竞赛。在探险中，除了在南极升起英国国旗外，他还计划进行科学研究。得知还有其他人在前往南极的路上时，斯科特早已出发，但他也不想改变任何探险计划。

有关南极的角逐发生在一百多年前。今天我们会受到什么启发呢？像当时的大多数欧洲人一样，斯科特相信进步和科学。他对能让工作更轻松的现代化设备和技术感兴趣。相反，阿蒙森则从因纽特人的传统方法中获得灵感，他与他们一起度过了两个冬天，观察这个原始民族如何应对北极严酷的条件，他们如何穿着，如何利用可用的资源，如何操控狗等。哪种方法可以更有效地征服南极，我们已经知道。但是斯科特的方法在当今的南极却更常见，因为对于南极大陆（其实不仅是南极）人们总是抱着傲慢自大、盛气凌人的态度。

两条路

1912年1月17日斯科特的探险队也到达了南极点。他们
在这里发现了挪威人的帐篷和阿蒙森留下的信。
这张照片由记录这次探险的亨利·R·鲍尔斯拍摄。
它的底片是8个月后的搜索中，在极地探险家们的遗
体附近被发现的。斯科特在日记中写道："最糟糕的
事情发生了，显然，挪威人超过了我们。"

1912年2月17日
埃德加·埃文斯摔伤后遇难。

1912年3月17日
为了不拖累队友，筋疲力尽的劳伦斯·奥茨在留下一
句"我出去一下，过一会儿回来"后，离开营帐牺牲了。

1912年3月29—30日
斯科特和伙伴们死在了帐篷里，他们离充
满食物和燃料的大本营仅仅18千米。暴风雪
没给他们走下去的机会。

斯科特的探险队从南极点共带回了
16千克的岩石样本。

埃里伯斯火山
特罗尔山

"特拉诺瓦号"营地 →

当年作为斯科特探险队营地的木屋伫立至今。

尊敬

后

想象一下，你们在一个只岩石的岛上，你们睡在翻过来的船下，没有食物和水，最重要的事情是维持队伍的士气。并且，你们不清楚是否有人知道你们在这里，他们又是否准备来救你们……

在1300千米波涛汹涌的航行中，只能依靠船上的六分仪来保持方向，而且南乔治亚岛是唯一可以落脚的地方，这需要船长弗兰克·沃斯莱（Frank Worsley）卓越的航海才能。

I.
1914年8月8日（第一次世界大战爆发后11天），"持久号"从英国普利茅斯起航。

X.
1916年4月14日—5月10日，沙克尔顿和3名队员动身上路了。他们成功创造了奇迹。

II.
1914年12月5日，离开捕鲸站继续向南。

VII.
受冰山和正在进行的世界大战的影响，救生艇的安全无法得到保证，所以，一直到1916年8月30号，在滞留象岛128天后，沙克尔顿他们终于等到了救援。

IX.
他们登上了荒无人烟的象岛海岸，用两艘救生艇搭建了临时避难所，而他们可以活下来的唯一机会，就寄托在剩下的那艘前去寻找救援的救生艇上。

XI.
救生艇来到了南乔治亚岛，但是他们停在了岛上捕鲸站所在地的背面，筋疲力尽的沙克尔顿和两名队员翻越了当时还没有人探索过的3000米的高山，于1916年4月20日到达了捕鲸站。

南乔治亚岛

象岛

VIII.
船员们离开了冰原，驾驶3艘救生艇驶向象岛。

VII.
船员们把从"持久号"上抢救下来的所有东西转移到了救生艇上，因为每一艘救生艇的重量均在一吨以上，因此他们无法前进，只能指望通过洋流把他们所在的浮冰带到冰原的边缘。

III.
1914年12月7日，在冰山中航行。

1915年11月21日，船沉没了。

V.
1915年10月27日，沙克尔顿下命令放弃被冰压碎的船。

他们将所有有用的东西装上救生艇，并向500千米外的大海进发。但是当救生艇负重超过一吨时，每天只能挪动2千米。此外，他们在冰山上开辟道路的时候，水流几次将他们带了回去。船在冰面上挪动受损，所以几天后他们只能放弃了这个计划，转而在浮冰上安营扎寨，看浮冰会将他们带到哪里……

IV.
1915年1月15日，"持久号"被冻在了距离南极100千米的地方。

"持久号"的结局

意外发现

欧内斯特·亨利·沙克尔顿
（Ernest Henry Shackleton）
1874 — 1922

沙克尔顿是南极探险时期最有趣的极地探险家之一。虽然他最著名的探险在开始之前就已经结束了（也许是正因为如此），但还是十分引人注目。在阿蒙森和斯科特到达南极点之后，沙克尔顿拿定主意要成为徒步横穿南极大陆第一人。"持久号"起航后不久，第一次世界大战爆发。因此探险队的成员们在旅程中询问，他们是否应该返回为自己的祖国而战。这个提议被拒绝了，所以他们继续前进。他们从捕鲸者那里得知，南极大陆周围的冰比平时多，并且不确定他们能否通过。沙克尔顿知道他不会再有这种探险的机会，所以他决定碰碰运气。但是好运并没有眷顾他，眼看就要到南极了，"持久号"被冻住了。这次探险变成了一场营救被困在浮冰上的27条生命的战斗。他们当时孤立无援。"持久号"名字的意思是"锲而不舍"，源于沙克尔顿家族的座右铭。毅力是"持久号"船员的基础。沙克尔顿和他的船员完成了一件没有人预料到的，也没有人觉得有可能的事情。他们都活了下来。

BY ENDURANGE WE GONQUER

（用毅力获取胜利）

意外之喜

多亏了沙克尔顿超强的毅力、洞察力和创造力，人类力量的极限才得以被突破。如果他盲目地追寻定好的目标，那么很可能会全军覆没。"意外之喜"指的是，发现比最初预想的更重要的东西。然而，幸运的发现和意想不到的解决方案绝不会偶然出现——它要求我们不能只盲目地朝着目标前进，而要环顾我们所行走的路。缺少洞察力什么也找不到，更别说意外之喜了。克里斯托弗·哥伦布（Christopher Columbus）发现美洲，地心引力的发现，X射线、炸药、青霉素等的发明，都是这样的意外之喜。世界只偶尔透露自己的秘密。当未知成为已知时，我们的认识会变得更加丰富。但是当我们拒绝倾听世界时，我们就会碰壁。感知我们的生活环境和我们所走的道路，通过这种方式，我们可以学到的东西最为丰富。

最初的探险计划

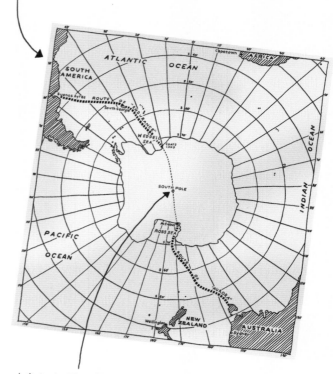

沙克尔顿原本希望在南极
度过1915年的圣诞节。

企 鹅

"企鹅"一词的拉丁语为*pinguis*，即肥胖、笨拙的意思。尽管这个名字听起来不太友善，但它揭示了这种生物独特的生存之道。世界上有17种企鹅，它们都生活在南半球。这一篇只展示生活在南极大陆的企鹅。企鹅沿着海岸摇摇摆摆走路的样子十分迷人，看起来滑稽又可爱。它们在岸上没什么敌人，但是在海中，它们必须得小心，不要让自己变成猎物。企鹅都是快速而灵巧的游泳健将。它们在陆地和海洋两种环境中生活，在每种环境中它们的运动方式不同，所扮演的角色也不同。

阿德利企鹅

高：71厘米

重：5千克

数量：260万对

著名的法国水手、自然科学家、也是它们的发现者儒勒·迪蒙·迪维尔（Jules Dumont d'Urville）最初以他妻子的名字为这种企鹅命名。

马卡罗尼企鹅

高：71厘米

重：5—6千克

数量：1200万对

尽管它们是数量最多的企鹅，但它们也在其他种类的企鹅中选择伴侣。

帽 带 企 鹅

高：72厘米
重：3.8千克
数量：650万—750万对

它们是最吵闹的企鹅之一，善于交际，充满好奇和勇气。对于进入它们领地的人，它们会毫不犹豫地发动攻击。尽管它们现在的名字来源于它们的长相，最早的南极探险家们却称它们为"碎石机"（stone-crackers）。

它们的燕尾服实际上是伪装。如果你从水面上往下看，它们就会与黑暗的海底融为一体，而从水中往上看，它们又与浅色的天空很接近。

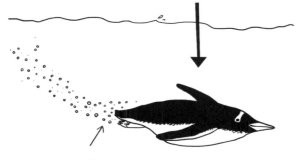

企鹅的翅尾产生的气泡可以减少摩擦，从而加快游速，在发动攻击和逃跑的时候格外有利。

金 图 企 鹅

高：75厘米
重：5.5千克
数量：超过30万对

它们得名于自己的叫声。它们是企鹅中的游泳健将，速度能够达到每小时24千米。像其他企鹅一样，它们以鱼类和甲壳动物为食。

南极没有树，没有淡水鱼，也没有两栖动物和爬行动物，甚至也没有陆生哺乳动物。在南极的陆地上，我们只能找到几种动物，它们主要是鸟类和大型海洋哺乳动物。在南极大陆，人类更确切地说只是过客，因此这里是动物的家园，它们不惧怕人，相反，它们很好奇这些两足生物是什么东西……

生命首先起源于海洋和沿海地区。放眼全球，在陆地上，赤道周围最为生机勃勃，越向极点越缺少生机。但是，这对于海洋生物完全不适用，甚至恰好相反。在南极的水域中，所谓的生物量很高，换句话说，这里始终充满生机。这也意味着水面之下有足够的食物吸引众多动物前来觅食。

南极上的

海百合是一种与海星有亲戚关系的动物。它看起来像植物，生活在水下深70米的地方，用扇形的触手捕获食物。

威德尔海豹是个友好的大家伙。它的银色毛皮上每平方厘米有4万根毫毛，也就是每平方毫米400根！这样，它就算整天在雪地里打滚，也仍然觉得很温暖。但是完美的毛皮对动物来说几乎是致命的。直到今天，加拿大海豹都是毛皮狩猎者的目标，幸好威德尔海豹生活在人类难以到达的地区。据詹姆斯·威德尔（James Weddell）——南极海豹就是以他的名字命名的——估计，1825年他在南乔治亚共捕获了120万只威德尔海豹。再比如说，在19世纪南极海狮差点就因为它的毛皮灭绝了。好在今天有很多人意识到穿皮草（不仅仅是海豹皮）并不酷……当这只"懒汉"长大后，它的体重可达到450千克。这家伙以鱼类和磷虾为食，是个潜水健将。你很难相信它竟然可以在水下坚持80分钟，潜至700米深，并从最远5千米外的地方安全返回到它啃咬出的冰洞中。但是它大部分时间都在冰雪中休息和打滚。世界上再没有其他哺乳动物能像威德尔海豹一样，在离南极点这么近的地方繁衍生息。

生命

南极地区和亚南极区约有40种鸟类，在南极大陆本土有16种，这其中包括不会飞的企鹅。在会飞的鸟类中，南极贼鸥是最凶猛的食肉动物。贼鸥是个野蛮的侵略成性的强盗，它天不怕地不怕，特别是在捍卫自己的领地或幼崽时。它还攻击其他水禽并偷走它们的猎物。如果人类离它的巢太近，那么它也会俯冲下来袭击人类。

南极雪海燕尽管长得像鸽子，但与鸽子不同的是，它能有力地保护自己：当它想要击退入侵者（也可能是另一只海燕）时，它会向其吐出恶臭的胃油。

南极蠓是南极最大的纯陆生动物，这是一种翅膀发育不良的摇蚊，它的拉丁语名称是 *Belgica antarcticad*。它的幼虫能在冰层中存活两年，但孵化后的成年南极蠓最多只能存活10天。除它们之外，我们还可以在南极大陆上找到螨虫、弹尾虫、轮虫、无甲目生物以及生活在苔藓中的水熊虫。

水熊虫（缓步动物门生物）是人的肉眼几乎看不清的生物（大小为0.05—1.5毫米），它却是世界上最为"坚忍不拔"的动物之一。这个超级生物在−273℃至150℃的温度中都可以生存。冻在冰中30年它也毫发无伤，不管是在真空中，还是处于海底最深处6倍的压力下，或是在高于人类能承受的强度1000倍的辐射下，它都可以生存下来。甚至在火山口我们也发现了水熊虫。没有什么可以把它们马上消灭，因此世界各地都可以找到它们的踪迹。可见，某种生物的长相或者大小，并不能说明它的内在或是它的承受能力。

这就是原始自然的样子。

从幼年到成年是一个重要的阶段。在成长中，人们会形成并做出可能影响他们一生的决定。一个人在长大过程中难免有时显得很滑稽，一只少年帝企鹅同样有些笨拙。毕竟，每个人都有看起来很好笑的时候。不这么认为的人，很可能自始至终都很可笑……

本温的方法，可在水下坚持长
通常可以活到20岁，有些帝
在南极冬季繁殖和孵化的企
企鹅。传递的过程本身就是一
到企鹅爸爸的脚背上时一定
盖住，以此来保证蛋的温暖，
用脚跟前后摇摆以减小接触
风速高达180千米/小时。企
的外圈不会一直都是同一群
孵出后不久，企鹅妈妈从长达
企鹅的任务，而在4至6个月
到海边去觅食了。

如果南极有勋章，上面毫无疑问会有企鹅。

成长有时需要艰苦的努力，但是当它完成后，人们往往不记得这有多么困难。拿帝企鹅来说，它们的幼崽必须格外小心，注意不要被猛禽抓住。

帝企鹅

高：100—130厘米

重：38千克

数量：25万对

地球上最大的企鹅。它拥有完美的
达18分钟，能沉入400米深的水
企鹅甚至可以活到50岁。它是唯
鹅。雌企鹅产卵后会立即将蛋传
项杂技表演，蛋从企鹅妈妈的脚
不能碰到冰。雄企鹅用腹部的皱
它们互相挤在一起以防止热量散
冰的面积。周围温度可能低至−6
鹅爸爸们轮流交换到外围，以确
企鹅，如此持续数周。当小企鹅
一百多千米的海中旅程返回，接
的饥饿后，企鹅爸爸们终于可以长

13.5 厘米

13

12

11

10

9

8

7

6

5

4

3

2

1   2   3   4   5   6   7   8   9   9.5厘米

帝企鹅的蛋长13.5厘米，宽9.5厘米。1911
年斯科特探险队的摄影师赫伯特·庞汀
（Herbert G. Ponting）第一次拍下了它的样
子，于是我们知道，它长得像一个梨。

水面之下

水面之下的生活与陆地上的完全不同。南极大陆周围的水中十分生机勃勃，地球上最大的和最小的生物在这里相遇。每个生物都有自己的生存之道，有些更成功，耐力更强，而那些更敏感的生物对变化的反应也更快。有些动物很受欢迎，成为了绘本故事中的主角或是毛绒玩具的蓝本；而另一些却让人们害怕或者嫌弃。我们对它们知之甚少，甚至可能从来没有见过它们。还有一些动物仍在等待被我们发现。无论如何它们都令人着迷，并共同创造了自然生态系统，动物、植物以及环境之间有着微妙的联系。就算最小的生物也可能对最大的生物至关重要，它们就这样共同创造了大自然的财富，并为地球带来了惊人的生物多样性。

南极大磷虾重2克，最长可达6厘米。当它繁殖时，一立方水中能存活1万至3万个卵。它能活到6岁，是许多水生动物最重要的食物来源。这种生物在世界海洋中的总重量约有5亿吨。因此，它甚至可以喂饱最大的动物。

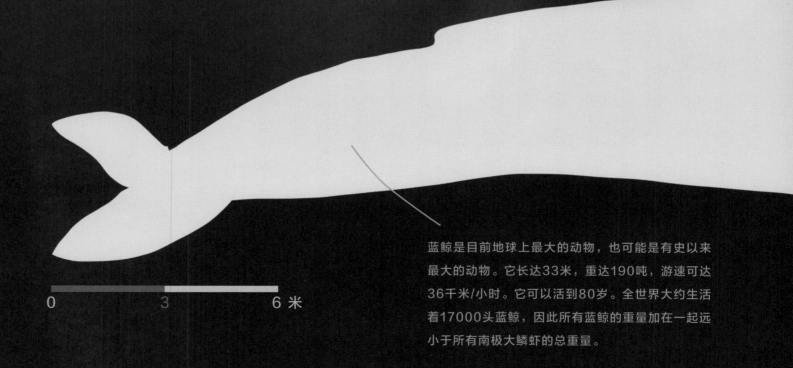

蓝鲸是目前地球上最大的动物，也可能是有史以来最大的动物。它长达33米，重达190吨，游速可达36千米/小时。它可以活到80岁。全世界大约生活着17000头蓝鲸，因此所有蓝鲸的重量加在一起远小于所有南极大鳞虾的总重量。

蓝鲸如何猎食磷虾？

1.在一个磷虾充足的地方，蓝鲸下沉并用气泡形成一条隧道，将磷虾围在里面。

2.它张开嘴，游向磷虾聚集的水面，快到水面上时合上嘴巴。

3.蓝鲸嘴里的是须板，而不是牙齿。它们的作用类似于漏勺，蓝鲸用舌头将水从嘴里推出，最后里面只留下磷虾。它转身，在水面上挥动尾巴，然后再来下一口。它每张一次嘴，吞入的水和磷虾可重达40吨。

鲸鱼的尾巴独一无二，就像人的指纹一样，你可以通过 WWW.HAPPYWHALE.COM 查找鲸鱼尾巴的照片，了解这头鲸鱼之前是否有人看到过，现在它游到了哪里。

蓝鲸的心脏有一辆小汽车那么大。

它是世界上声音最洪亮的动物之一，它的歌声可以传到800千米以下的深海中。

大海的呼吸

波浪运动就是大海在呼吸，
有的时候它像是屏住了呼吸，
有的时候它也会气喘吁吁。

大海的呼吸是千真万确的。
海藻和蓝藻这些生物生活在大海中，
像树木一样将二氧化碳转化为氧气，
我们称之为光合作用。海洋产生了地
球上一半的氧气，拜大海所赐，我们
才能自由呼吸。

水是生命之源，
我们说地球是蓝色的，
那是因为地球表面
近四分之三的地方都被海洋所覆盖。

海洋就像一幅永远不变的风景画，
从数百万年前直至今日，它始终如一。

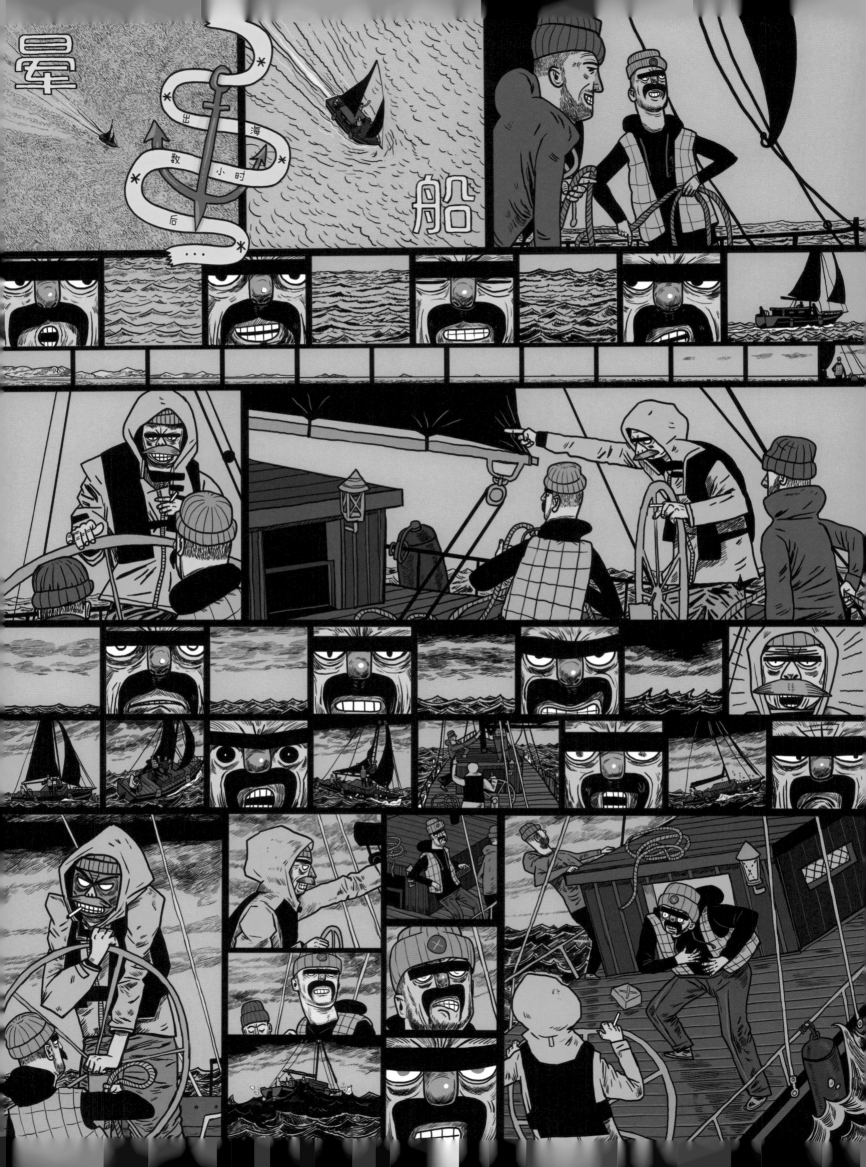

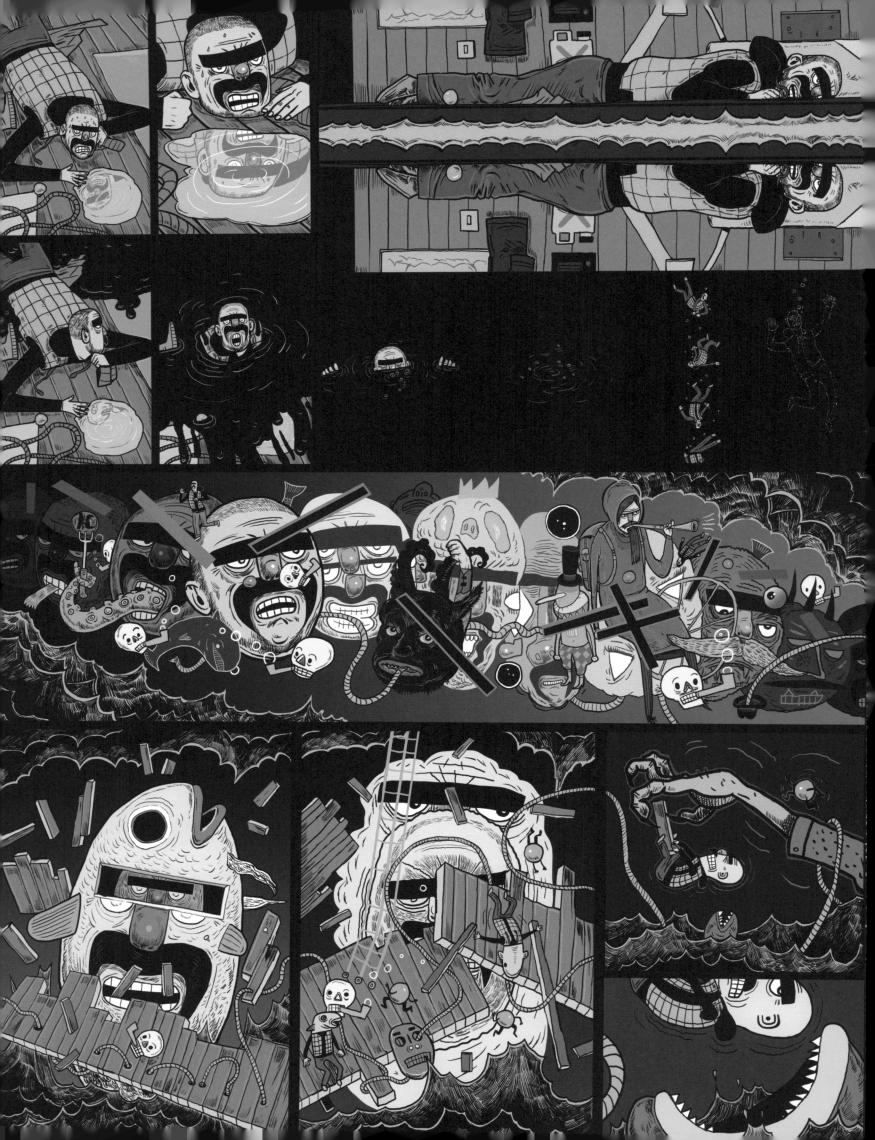

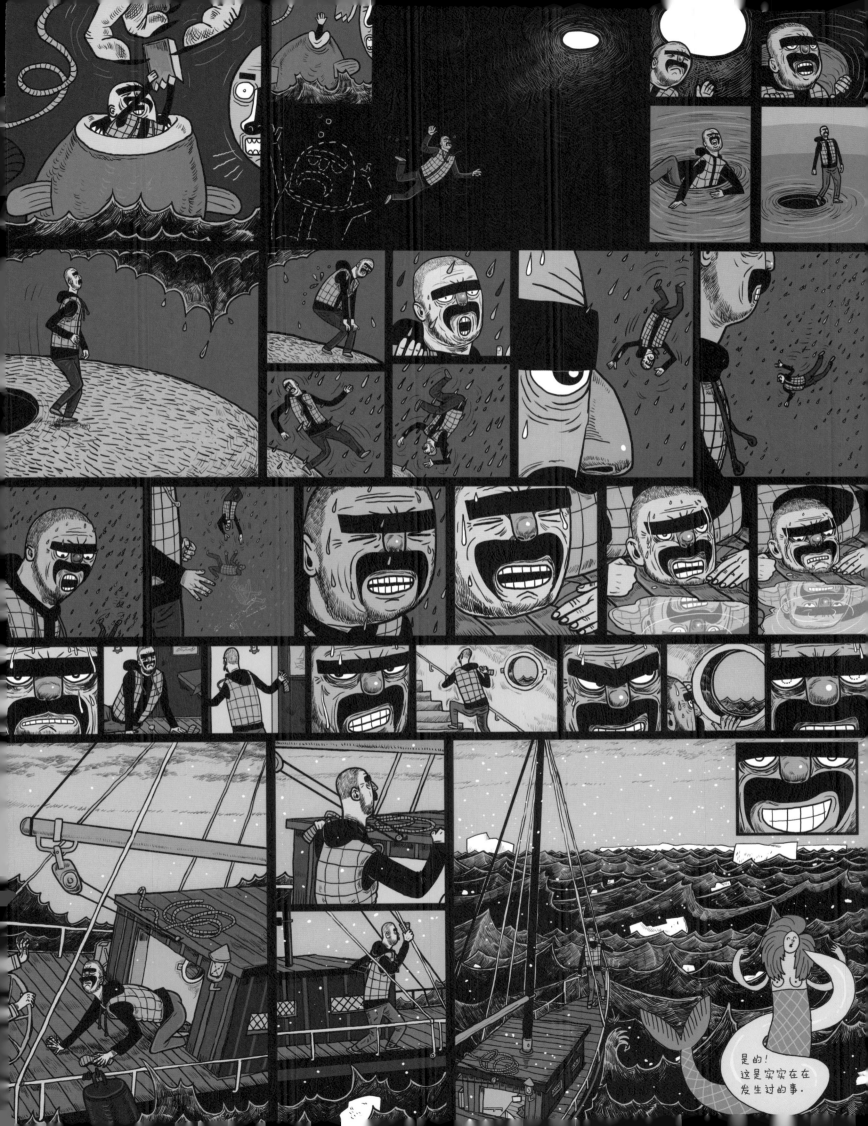

昼与夜

如果我们把洋流想象成河流，那么南极大陆周围的洋流实际上就是世界上最大的河流。它类似于一个旋转、驱动和激起海洋中所有其他水流的转子。洋流是由于不同温度和不同咸度的海水汇合而产生的。冷流在海底流动，暖流则在它们上面奔腾。这些水流的一个重要特性就是"影响天气"。因此，南极大陆周围的水流也影响着远至欧洲内陆的地方。世界比我们看到的更加相互关联。

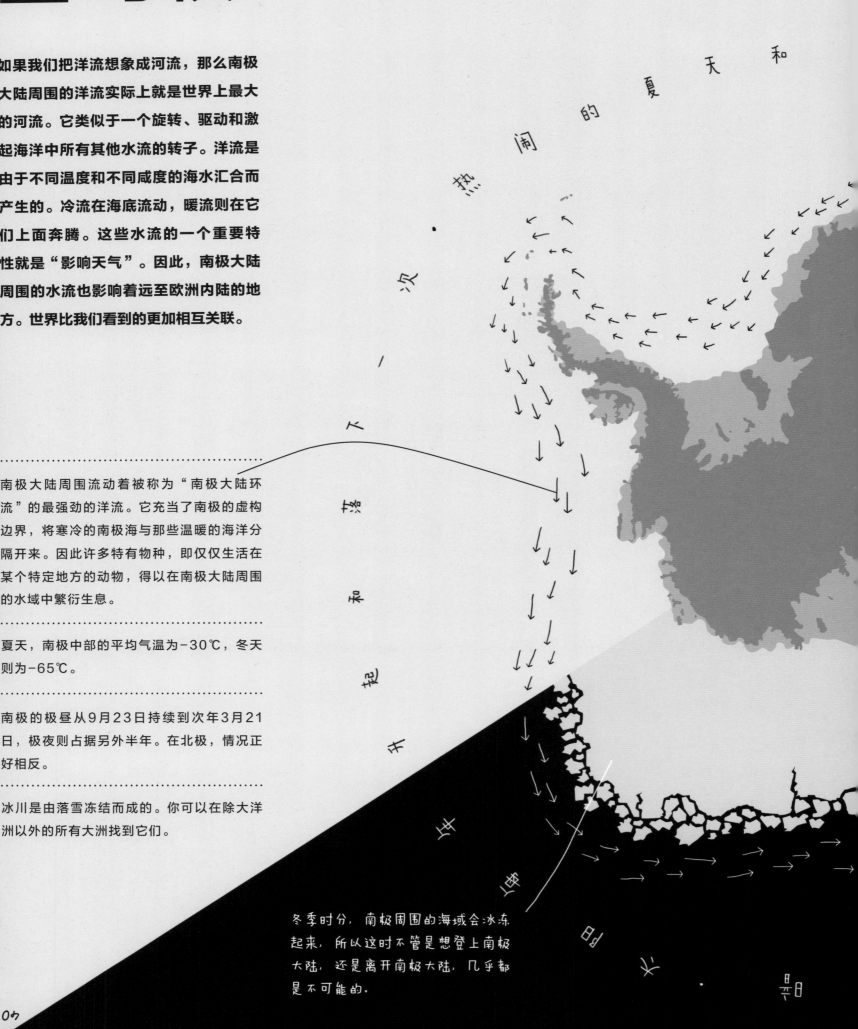

南极大陆周围流动着被称为"南极大陆环流"的最强劲的洋流。它充当了南极的虚构边界，将寒冷的南极海与那些温暖的海洋分隔开来。因此许多特有物种，即仅仅生活在某个特定地方的动物，得以在南极大陆周围的水域中繁衍生息。

夏天，南极中部的平均气温为-30℃，冬天则为-65℃。

南极的极昼从9月23日持续到次年3月21日，极夜则占据另外半年。在北极，情况正好相反。

冰川是由落雪冻结而成的。你可以在除大洋洲以外的所有大洲找到它们。

冬季时分，南极周围的海域会冰冻起来，所以这时不管是想登上南极大陆，还是离开南极大陆，几乎都是不可能的。

冰山有时候会漂到距离南极
几千千米外的地方，甚至有
的会到非洲海岸附近。

严 酷 的 冬 天 . 极 地

在远古时代，人们就注意到了由令人惊叹的
极光上演的"太空大戏"。他们以为这是巨
龙和蛇在天空中相互追逐，是众神在跳舞，
是提着灯笼的幽灵在寻找死去的猎者，是有
关灵魂的轮回，甚至认为这些天上的光有神
奇的力量，从而会影响他们的生活。今天，
我们知道这是太阳喷发的粒子，它们"嗖"
的一下穿过太空，在大约两天后到达地球。
地球周围的磁场反射了这些粒子，但是在磁
场弱的极点附近，它们穿透了大气并在地球
上方形成了引人入胜的奇观。科学家今天解
开了极光之谜，但这一点并不会削弱它的美
丽。北极的极光被称为北极光，南极的极光
被称为南极光。

极 光

冰雪之下

永久积雪
冻住的积雪，在压力的作用下逐渐变成冰，脱离了大陆后成为冰山。它慢慢地向海洋漂去，在融化之前，大型冰山会在海上漂浮数年。

冰川
在某些地方的厚度超过4500米，是由雪压缩形成的。因为它保留了我们星球的记忆，所以科学家使用深井对其进行探索。每年冰川都会增加两层，夏季的和冬季的。多亏了冰川这个类似树木年轮的特性，科学家从钻探出的冰柱中获得了大量有关地球远古时代的信息。在南极冰川中藏着370个冰下湖。它们位于岩层和冰川之间。最大的冰下湖和位于它上方的科考站同名，叫作沃斯托克（意为"东方"）。

冰架
是一层冰面，它的下方不是陆地而是海洋。它的名称来自英语"shelf"，意思是架子。它的厚度在100米至1000米之间。最大的冰架是罗斯冰架，它大约有法国这么大。

永冻层
是至少连续两年以上冻结的土壤或岩石。南极四分之一的冰盖下都是永冻层。它拥有巨大的力量，压住了下面的陆地。如果所有的冰都融化，那么南极大陆会因为失去压力而猛然上升。由于无法精确计算究竟会上升多少，因此我们难以绘制出一张没有冰的南极大陆的地图。

冰原岛峰
是一块冰上伸出的岩石。深色的岩石对阳光的反射不如白色的冰强烈，因此这里的温度较高。融冰带来的水分使苔藓和地衣得以生长。但是这里的植被永远不会长高，因为只有比岩石表面高出几厘米的地方是相对温暖的。南极大陆有99.7%被冰川覆盖，其余0.3%是凸出的南极基岩。

地球的两极距离太阳最远，赤道离太阳最近。
极昼会在极地持续半年。因为南极大陆大部分
的表面都被白色的雪和冰所覆盖，并且空气非
常干燥，太阳的光线会被反射回宇宙。所以在
南极热量无法被保存，到处是被反射的白光，
人类患上雪盲的风险很大。

太阳

企鹅群落

由于企鹅的一生有四分之三是在
海上度过的，所以它们通常在海岸
附近筑巢。帝企鹅是一个例外，它
们把群落建在离海岸数十千米的内
陆。企鹅是非常社会化的动物，一
个企鹅群落中共同生活着几十到两
百万只不等的企鹅。群体成员的数
量因企鹅的种类而异。

墨镜在南极不是时
尚配饰，而是一个
必要装备，斯科特
早就明白了这件
事，他的眼镜制作
方法与因纽特人的
相同。

冻海

大海在约−2℃的时候会冻住，但是海冰只在海面形成。
海冰与冰山很不一样。冰山最多会有90%的体积隐藏在
海面以下，因此对来往船只构成威胁。泰坦尼克号便是
最好的例子。

冰山

是一块破碎的冰川或极
地冰盖。冰山的盐度低
于海冰，因为它来自落
雪和冻雪。

海平面

位于海拔高度0米处。我们用它来计算陆地
的高度和海洋的深度。它并不像我们想象的
那样稳定。由于全球变暖，世界冰川融化，
海平面也随之上升。如果南极大陆所有的冰
都融化，海平面将上升60米，诸如柏林、
纽约、上海、曼谷、威尼斯、阿姆斯特丹等
很多城市都将被海水淹没。

冰山

冰山是一块从冰川或极地冰盖上脱落的冰块，它的旅程由此开始。有时需要数十年它才能融化。冰山可见的部分仅占整体的十分之一。因此，即使是很小的冰山也足以让船只胆战心惊。每年约有15000块冰脱落。目前记录在案的其中一块巨大的冰山于2000年3月脱离南极大陆。它的名字叫B-15，这可能算不上送给世界上最大的冰山的最美名字，但这是有原因的，冰山的名字来自它的"族谱"。南极大陆被人们分为虚构的四部分。字母B表示它从南极大陆哪个部分断开来，数字15表示这是有史以来那里掉落的第几块冰。而B-15上掉落的第一块冰将被命名为B-15A。

90%

10千米

冰山怎么都看不腻。
　由于某个神秘的原因，你可以观察它们几
个小时而不感到厌倦。注视着冰山就像
注视着火焰或者云一般能够使人平静。
　怎么会这样呢？

我们看见的冰山只是它整体的一小部
分，这个现象是不是可以作为一个例
子，说明我们该如何看待世界呢？我们
看到的并不是世界的全部，只是它的十
分之一罢了——而剩下的部分，我们是
不是根据自己的经验和经历来推测呢？
那么，如果我们大部分的推测都是错
的，那么该怎么办？

看得见的　　看不见的

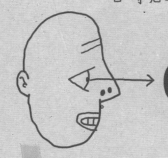

推测的

我们通过五种感官来感知世界。假
如我们只有四种感官，或者有六种
感官该怎么办？世界还是一样的，
但是我们得到的关于它的信息将有
所不同。即使我们从周围的世界或
多或少地感知了，其余的事物我们
必须通过推测来填补。重要的是，
不要忘记：对于我们没有看到的东
西，每个人都会有不同的想法。

南极
是什么
颜色的？

每种颜色
都有
自己的
名字吗？

好天气是

什么样的？

在南极，
太阳升起
或者落下
要多久？

南极
现在几点？

南极闻起来
是什么
味道的？

国界线
是谁
想出来的？

南极
有什么
声音？

未知

阿蒙森
在南极点、
堆
雪人了吗？

世界上
最重要的
问题
是什么？

天气冷的时候，
气温
有多少
摄氏度？

你能想象一块
象"水立方"那么大
的冰山裂开时发
出的声音吗？

有什么东西
是至今没有任何人
看过的？

雪有多少
种颜色？

如何
正确地
观察？

如果有人想有所发现，那么他必须学会观察，并成为一个优秀的观察者。看待世界的方法有很多，在这里我们只讨论其中的三个。第一种需要你有好奇心；第二种是将事物分类，然后和已知的事物进行比较；第三种有时带有一种抗拒感，不过能够证明一个人是否具有坚持自我、不受外部影响的能力。我们要根据不同的情况来决定选择哪一种方式，不过往往需要把多种方式结合起来使用。最重要的是，我们要由自己来决定，我们如何看待这个世界。

看世界的角度

1.

哇，原来如此！

当你身处新环境中时（例如，在旅行时），你会仔细地环顾四周，并吸纳所有新事物。你会注意到许许多多在家丝毫不会留意的细节。这也是不跟着导游去旅行比较好的原因。只有充满好奇的人才会说出"哇，原来如此！"。

哦，这我知道

知识渊博是很棒的。它可以帮助你适应这个世界，并了解我们周围正在发生的事情。但是，如果我们局限在自己的知识里，我们将看不到任何新事物，因为对于任何我们所看到的新事物，我们最多只会将其同某个熟悉的事物进行比较。这样一来，我们只是给引起我们注意的东西起了一个名字，然后放到固定的框架中。创造和发现的机会就这样失去了，多么可惜。起名字有点像变戏法，大手一挥我们就得到了对某种未知事物的控制权。但这并不意味着我们了解这些东西。

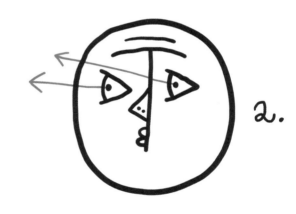

2.

嗯，这个"算了吧"是什么呢？什么都不是。这正是某些假装波澜不惊的人的看法。有时候，这只不过是掩饰自己一无所知的面具罢了。他对自己不知道的东西毫无兴趣。为什么会这样？或许因为这可能使他想改变看待事物的立场。这也可能意味他错了。只不过莽汉从不会犯错，对他而言，感到惊讶代表脆弱。"那好吧，算了吧……"这是一个莽汉发现自己居然会对什么东西感到惊讶时的厌烦。当你不期待出现这种情况时，你甚至不会注意到，它已经发生了。

3. 那好吧，算了吧……

当我们用心听的时候，我们听到了什么？

很久以前，当人们站在一片黑暗而幽深的森林前时，里面传出熟悉的幽灵般的声音，于是人们很容易相信，这里住着各种神秘的生物。

假如那时的人今天站在同一片森林前，并且听到相同的声音，他可能会在手机软件的帮助下，将这些声音和不同的动物对应起来。也许这个工具还会告诉他这个动物是否危险，是否稀有，是否怀孕了等许多其他信息。因此，也就没有什么能让人感到惊讶的了。那么是什么发生了变化？是森林还是人们的认知能力？

尽管我们主要通过视觉了解世界，但听觉扮演着很重要的角色。我们经常无意识地使用它。它对于空间定向绝对至关重要。在南极，人有时会得雪盲症。光在你周围散射，天地一片雪白，你看不到地平线，周围的世界就像被某人擦除了……你已经不知道自己是在上坡还是下坡，是直走还是在原地转圈。而且南极大陆是地球上风最大最多的地方，所以通常你能听到的唯一的声音就是呼呼的风声。谁能不在其中迷失呢？请你试想一下，第一批极地探险家们在这样的地方跋涉数周后会有什么样的感受？

在南极，风停了的时候，你会听到什么？如果你在走动，那么你听到的就是雪的声音。声音大小决定于它的温度：温度越低，声音越大。在大约−2℃的时候，雪会发出咔嚓、吱呀的声音，这是冰晶断裂的声音。在较高的温度下，雪会软化，那么发出的声音就会变成吧唧吧唧。当作曲家米罗斯拉夫·斯恩卡（Miroslav Srnka）创作歌剧《南极》时，他尽力将所有这些声音都融入音乐作品中。他创造了无形无边空间中的超越人类力量的声音……请闭上眼睛并想象，南极的声音是什么样的。

一位沙克尔顿探险队的成员曾经给一群阿德利企鹅放过一张黑胶唱片。是什么样的唱片呢？

这是个秘密。

冰川里有很多深至几十米的裂缝。有时这些裂痕的表面被雪覆盖，完全看不见。如果你不仔细看路，它就会在你的脚下开裂，发出类似玻璃破碎的声音，然后你将永远消失在一个又深又冷的洞中，再也没有人能找到你。例如，在1912年12月14日，道格拉斯·莫森（Douglas Mawson）极地探险队的成员贝尔格莱夫·爱德华·萨顿·尼尼斯（Belgrave E. S. Ninnis）就是这样失踪的。"大约夜里一点钟，我跃过了一条我们遇到过无数次的那种裂缝。我大声地告诉后面的两架雪橇小心一点，"探险队的另一名成员、经验丰富的瑞士登山家泽维尔·梅茨（Xavier Mertz）写道，"五分钟后当我转身看的时候，只有莫森跟着我，我再也没见到尼尼斯。"对他们来说，不幸的是，探险队人和狗的大部分补给品都在尼尼斯的雪橇上。这次探险就这样成为了一场营救，最后他们中只有莫森活着回来了。今天，当一支探险队动身前往未知之地时，极地探险者们用绳子把所有人连接在一起，以此保证大家的安全。走在最前面的人拿着长杆，检查他前面的地面。雪地履带车和推土机也必须非常缓慢地移动，它们前部装有传感器，用来确定冰是否能承受车的重量。

冰川就像一本书，每一层积雪就是其中一页。南极的很多地方，常年在冰点之下，因此积雪不会融化，冰川大书的书页便会不断增加。每一"页"都包含着很多对于科学家来说特别重要的信息，这本冰雪之书讲述着地球的历史。

冰

雪是什么颜色的？你觉得是白色的吗？不，它没有颜色。雪看起来是白色的，是因为雪晶会反射落在雪上的光。如果它们不反射光线而是吸收了光，那么看起来就是黑的。一些冰川是蓝色的，因为冰的晶体结构吸收了除蓝色以外的所有颜色。蓝色的冰比白色的冰更结实，空气含量也更少。当我们看到冰川中深深的裂口时，似乎就像是在看着蓝色的警车灯，而不是冰的深渊。

雪花通过南极到达海洋大约需要50000年·

法国冰川学家克劳德·洛里乌斯（Claude Lorius）1998年在东方站钻探到了冰面以下3603米深的地方，由此追溯到了42万年前的历史。南极有史以来最古老的冰已有270万岁了。冰层中冻结着远古空气的气泡，这些气泡会告诉我们，在人类还没有出现时，远古时期的地球是什么样的。这样我们就可以对各个时期进行比较，然后调查出影响地球的气候和大气的因素。

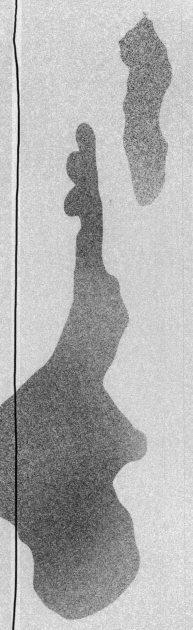

可惜，人类活动对地球气候的影响并不全是好的。随着海洋变暖，南极边缘的冰川融化加快了。科学家估计，到2100年，南极、格陵兰岛和其他地方的冰川将大量消失，以致海平面上升将超过1米。海平面究竟会上升多少，这取决于人类及其工业和农业会排放多少温室气体。也就是说，这取决于我们。我们得限制自己的消费，并让大型公司对地球担负起更多的责任，而不仅仅以盈利为目的。地球就像一个接力棒。我们将把一个什么样的地球传递给后代，以及接力活动是否会突然终止，都完全取决于我们自己。

是 我们 的记忆

迈特里站（印度），1989

新拉扎列夫站（俄罗斯），1961

基纳站（巴基斯坦），1991

诺罗尔站（挪威），1990

毛德皇后地

尔站（挪威），1993

伊丽莎白公主站（比利时），2007

昭和站（日本），1957

青年站（俄罗斯，白俄罗斯），1962

2007

瑞穗站（日本），1970

富士冰穹站（日本），1993

麦克·罗伯森地

莫森站（澳大利亚），1954

孟席斯山
（3335米）

阿美丽·冰架

中山站（中国），1989

东南极洲

巴拉提站（印度）

劳尔·拉科维特站（罗马尼亚，澳大利亚），1987

戴维斯站（澳大利亚），1957

进步站（俄罗斯），1988

泰山站（中国），2014

西·冰架

难抵极

昆仑站（中国），2009

80°

70°

60°

地磁南极
（2019）

和平站（俄罗斯），1936

东方站（俄罗斯），1957
记录了南极的历史最低温度
（-89℃）

玛丽皇后地

沙克尔顿·冰架

印度洋

3000

凯西站（澳大利亚），1969

康宏站（意大利，法国），1997

伏耶伊克·冰架

特拉诺瓦站（新西兰），1987

万达站（新西兰），1967

麦克默多站（美国），1955

特山（Mt. Terror）
（3230米）

维多利亚地

埃里伯斯火山（Mt. Erebus）
（3794米）

马里奥·祖切利站（意大利），1986

张保皋站（韩国），2014

威尔克斯地

迪蒙·迪维尔站（法国），1956

列宁格勒站（俄罗斯），1971

磁南极
（2019）

0 500 1000千米

南极洲环流

ЄС

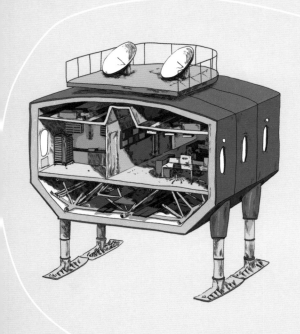

哈雷六号站

英国
南纬75°34′25″，西经25°28′01″
全年科考站
最多可容纳52人

该站由八个相互连接的模块组成，这些装有巨型滑雪板的模块耸立在液压立柱上，可以在推土机的帮助下移动。这个站的颜色很鲜艳，这是因为科学家生活的环境中缺乏色彩。在科考站内部有一个用黎巴嫩雪松的香木装饰的楼梯。这可以刺激人的嗅觉。该科考站已经是1956年原始哈雷站的第六个后代。这个站并不搭建在坚实的地面上，而是屹立在移动的冰川上。早一代的哈雷站在冰川上坍塌并逐渐沉没，为了防止这种情况再次发生，这个具有未来感的"南极大篷车"出现了。

冈萨雷斯·维德拉站

智利
南纬64°49′25″，西经62°51′26″
季节性科考站（12月至次年4月）
最多可容纳15人

该科考站以1940年访问南极的智利总统的名字命名。像许多其他科考站一样，该科考站与企鹅群位于同一地点，因此，在这里首先冲进你的鼻子的是鸟粪或企鹅粪便的强烈气味。

麦克默多站

美国
南纬77°50′53″，东经166°40′06″
全年科考站
最多可容纳1200人

这里是最大的南极"城市"。它还充当其他科考站的供应中转站。每个季节，履带式拖拉机都会开拓出延伸至极点的路，被称为麦克默多南极公路。时区在南极并不适用，因此每个科考站都遵循自己国家的时间。但是，美国有四个时区，麦克默多科考站的时间该怎么处理呢？

沃拉德斯基站

乌克兰
南纬65°14′44″，西经64°15′27″
全年科考站
最多可容纳24人

1994年乌克兰人从英国人手中购买了它。它的原名是法拉第。这是南极唯一一个格外注重社会性的地方，以至于酒吧也成了科考站的一部分。

诺伊迈尔三号站

德国
南纬70°41′00″，西经08°16′00″
全年科考站
最多可容纳40人

该科考站比较大，略大于半个足球场。它靠液压支柱支撑，这使得科考站不会陷在积雪里。对于不搭建在坚实地面上（例如在冰原岛峰上），而是直接立在冰川上的科考站，积雪是一个大问题。液压支柱是一种优雅且可行的解决方案。

在南极有来自30个国家的70多个科考站。最早的科考站是斯科特的营地，英国探险队前往极点之前在那里过冬。直到今天它仍然可以供人参观，寒冷干燥的天气完美地将它保存了下来。但是阿蒙森的营地"弗拉姆小屋"你却无法看到了，它已经在冰雪中坍塌消失了。虽然除了科学家外，极地科考站很少有人造访，但对于很多国家来说，是否拥有自己的科考站事关国家的声望。建造科考站是一个巨大的挑战，并且建造方式随着时间发生了变化。人们往往会征求顶级建筑师的意见，于是，这些建筑师着手研究在极端条件下如何建造房屋最为理想，一方面使建筑对环境的影响最小，另一方面能尽可能多地从阳光和风中获取能量。全年运行的科考站和仅是季节性运行的科考站有所不同。它还取决于科考站规定的人数。有些规模很小，例如，捷克的孟德尔极地科考站最多只能容纳18名科学家。在南极最大的科考站——美国的麦克默多站——生活着1200人，相当于一个小镇。科考站的位置也很重要，一般会根据所要进行的研究，以及船只或飞机是否容易停靠来决定。英国的科考站哈雷六号指出了极地科考站的未来，它可以根据当前正在研究的内容而四处移动。作为一种转变，中国在海拔4093米的一个极端位置建立了自己的科考站昆仑站，这里的温度最高为-35℃，最低的是-82.3℃，年平均温度为-58.4℃。这里主要进行气象研究。大多数科考站出于稳固的考虑，都建造在坚固的地面或岩石上。沿海地区的科考站要多于内陆地区的，因为那里可以给科学研究带来更多启发。在其他科考站附近建一个南极科考站是个好主意，因为你永远不知道何时会需要帮助。

特诺尔站

挪威
南纬72°00'43"，东经02°31'59"
全年科考站
最多可容纳60人

该科考站作为季节性科考站始建于1990年，后来进行了调整，自2005年起全年使用。它距海岸235千米，因此可以通过乘坐破冰船，然后继续搭乘雪地摩托或飞机到达这里。该科考站有一个直升机场和一条跑道（上面的雪经过特殊处理），以便飞机在上面降落和起飞。每年有7个航班往返此地。

布朗站

阿根廷
南纬64°53'43.7"，西经62°52'13"
季节性科考站（10月至次年3月）
最多可容纳18人

这种指示牌在许多科考站都有，这是从布朗站学来的——除一个箭头指向南极外，其他所有箭头均指向同一个方向。

斯科特科考站

新西兰
南纬77°50' 58"，东经166°46' 02"
全年科考站
最多可容纳86人

距离美国麦克默多科考站约3千米。它始建于1956年，由6个主要建筑物和3个实验室组成。出于防火考虑，建筑物间距7米。你可以通过网络摄像头在网上看到它现在的样子。

这只鸟从北飞到北，它的方向不会改变。

北

北

北

南

北

北

地 理 南 极 点

罗尔德·阿蒙森
1911年12月14日

罗伯特·法尔肯·斯科特
1912年1月17日

"所以我们到达了，并且能够将我们的国旗插在南极点上。"

"极点，是的，但是是在与预期完全不同的情况下。"

海拔9301英尺

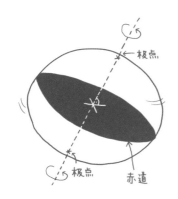

极点

赤道

极点

地理上南极所在的位置是由一个小的铜制物体标出的。每年地理南极点都会发生变化。阿蒙森—斯科特科考站的科学家们会相应制作一个新的铜制标志。图中的小塑像是为了纪念征服南极一百周年而制作的。它让人回想起以六分仪为主要导航工具的第一次南极探险时期。

通常人们提到的极点有两个，也就是北极点和南极点。事实上，情况有点复杂，因为南极点有 4 个。

最著名的南极点是 地理极点 ，也就是我们在地图上看到的那个。假想的地轴穿过它，地球绕着它旋转，所有子午线都相交在其中。由于地球实际上并没有像地球仪那样对称地旋转，因此两极的位置每一年都会移动几米。地理南极点的实际位置看起来并不特别。它是人为确定的，位于海拔2836米处，阿蒙森—斯科特科考站就在它旁边。

磁极 是指南针的磁针指向的极点。它与地图上的极点位于不同的位置，并且更加有趣。由于地球磁场的变化，它处于持续的运动状态，并且每年移动长达15千米。过去，磁极的这一变化使旅行者们感到困惑。因为在某些地方，指南针指向的北方和地图上所指示的位置并不一致。这也是人们开始探索极地地区的原因。今天，人们更多使用全球定位系统（GPS）而不是指南针来导航。许多动物，例如鸟类，会根据磁极来确定方向。大约每一百万年，地球的磁极会反转一次，北极会与南极交换位置。对于依靠身体内部的"指南针"来指出方向，飞越数千千米前往温暖的南部地区的燕子来说，这意味着什么？没有人知道，因为地球的上一次磁极颠倒发生在80万年前。

除了地理极点和磁极之外，还有 地磁极 。这也是一条假想的穿过极点的轴线，这条轴线根据磁性岩石的分布和炽热的地心的运动来确定位置。地磁南极每年也会移动约2千米。

第四极是 难抵极 。它是每个大陆都拥有的，指的是无论从哪个方向测量都离海岸最远的地方。南极洲的这个极点距地理极点463千米，海拔高度为3717米。1957年，苏联南极探险队首次到达这里，并在这里留下了无产阶级革命家列宁的雕像。

四个
南极点

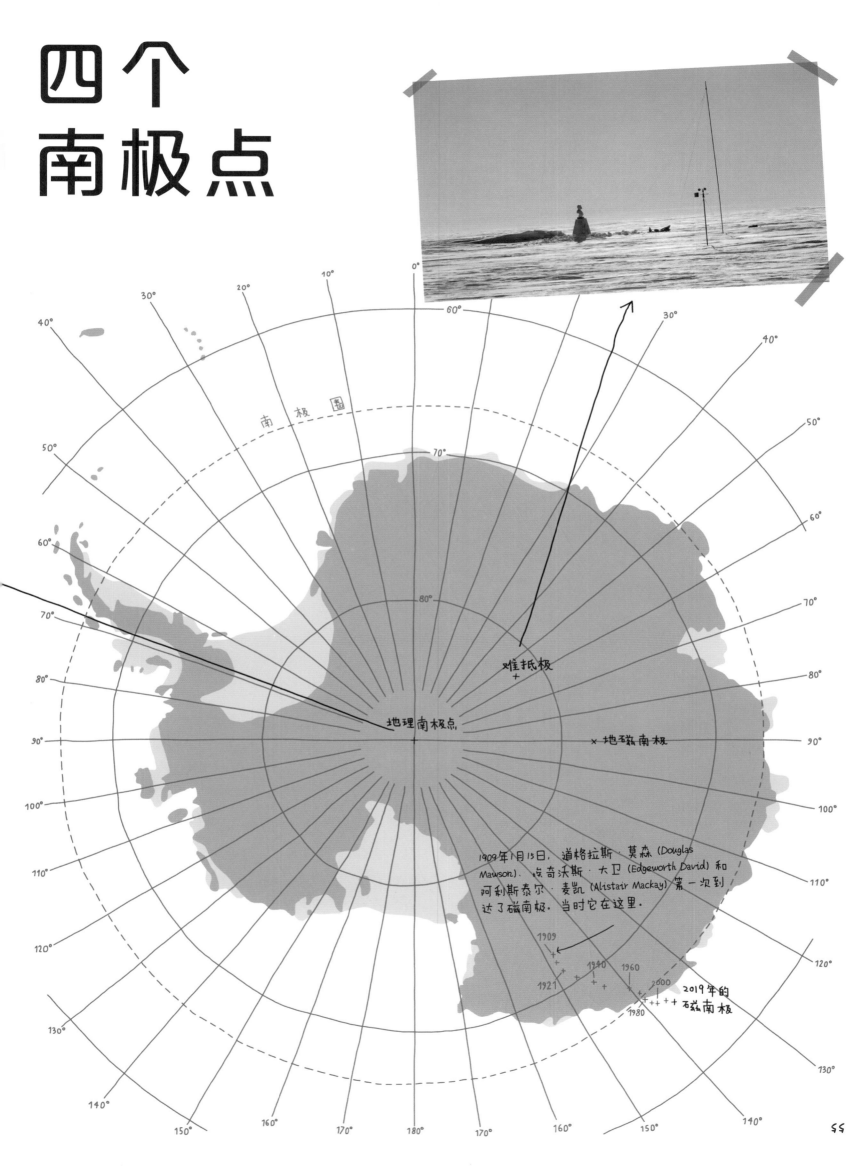

南 极 圈

难抵极
+

地理南极点
+

× 地磁南极

1909年1月15日，道格拉斯·莫森 (Douglas Mawson)、埃奇沃斯·大卫 (Edgeworth David) 和阿利斯泰尔·麦凯 (Alistair Mackay) 第一次到达了磁南极，当时它在这里。

1909
+

1940
+

1960
+

1921
+

2000
+

2019年的
磁南极

1980
+

南极科考站

截至2019年以下国家/地区在南极大陆设有科考站：

东方站

俄罗斯

南纬78°28'00"，东经106°48'00"

全年科考站

最多可容纳30人

该科考站处在最恶劣的条件中。它位于地磁极和难抵极附近，海拔3488米。但这里是气象研究的理想之地。在一个红白色的球体中，有一个天线可以追踪气象气球发射的数据。这里测出了温度计可测量的地球上的最低温度。这里的年平均温度为−55.4℃。

巴拉提站

印度

南纬69°24'24"，东经76°11'43"

全年科考站

最多可容纳47人

该科考站是由134个预制集装箱组成的，但是从外表看不出来这一点。这样设计是为了方便运输。

伊丽莎白公主站

比利时

南纬71°56'59.5"，东经23°20'48.8"

季节性科考站（11月至次年2月）

最多可容纳40人

该站于2008年启用，是以当时第一顺位的比利时王储的名字命名的。这是一个环保节能型的建筑，不会留下任何生态足迹。

- 阿根廷
- 澳大利亚
- 巴西
- 白俄罗斯
- 保加利亚
- 比利时
- 波兰
- 德国
- 俄罗斯
- 厄瓜多尔
- 法国
- 芬兰
- 韩国
- 荷兰
- 捷克
- 美国
- 秘鲁
- 南非
- 挪威
- 日本
- 瑞典
- 乌克兰
- 乌拉圭
- 西班牙
- 新西兰
- 意大利
- 印度
- 英国
- 智利
- 中国

张保皋站
韩国
南纬74°37′38″，东经164°14′16″
全年科考站
最多可容纳62人

2014年启用的现代化的科考站。由于它所处的地理位置，它也同样用于南极沿岸太平洋气候变化的研究。

泰山站
中国
南纬73°51′50″，东经76°58′27″
季节性科考站（12月至次年2月）
最多可容纳20人

这座科考站位于内陆深处。从这里出发，到最近的医生那里要走522千米。要不是另一个科考站就在山背后[1]，这个距离在南极其实挺正常的。

斯科特小屋
英国
南纬77°38′10″，东经166°25′04″
最多可容纳30人

当年斯科特的探险队中，有25人在这里等待。这座营地是在英国建造的，队员们到南极后将其组装在一起。你也可以在网上虚拟游览斯科特小屋。

1911年6月6日，
斯科特的43岁生日庆祝会。

萨那四号站
南非
南纬71°40′37″，西经02°50′42″
全年科考站
最多可容纳80人

科考站的大小、工作人员的数量是和医疗资源相互对应的。南非的科考站是比较大的科考站之一，夏季有两名医生常驻，冬季则有一名医生。你能在这里找到手术台、X光机、除颤器和牙科椅。南极的医生必须是真正的全能医生。

孟德尔站
捷克
南纬63°48′02″，西经57°52′57″
季节性科考站（12月至次年3月）
最多可容纳20人

捷克站是世界上唯一一个属于大学的科考站，即捷克马萨里克大学。

南极的人

从来没有人在南极定居，即使到今天，也没有人永久居住在这里。在旺季，也就是夏季，有超过4000人居住在南极大陆，冬季则少于1000人，其中大多数是科学家。打算长时间在这里逗留的人，往往得达到一些特殊要求。某些科考站要求，你必须在抵达前拔掉所有的智齿或者是切除阑尾。在一些较小的科考站，要求每个人都会做饭。但最基本的是你得具有冒险精神和灵活应变的能力。例如，多达300人报名参加英国洛克罗伊港科考站的一项为期四个月的任务，最终只有4个人被录用。而谁获得成功，由他的团队合作精神、独立性以及技术能力决定。

在南极大陆长期居住时，你可能会感到单调，因为周围环境没有什么新鲜感。那么谁会去南极大陆呢，为什么？

旅行家

旅行家是指为了拓宽眼界而踏上进入未知世界旅途的人。他们发现新事物，认识世界和自己。他们尊重当地文化，尊重自然，并努力在离开时不留下一丝痕迹。游客则不然，他们希望将舒适带入未知世界，并期望也能拥有与家中同样的东西，为此，他们支付很多费用。很多地方为了迎合游客建起了酒店、景点、游乐园和看起来如同真正的村庄一般的露天民俗博物馆。游客们也开始光临南极，但是他们的活动范围有限。这种状态大概会持续下去。想要舒舒服服的人，还是待在家里吧。

气象学家

无论科学家、飞行员还是运动员，在南极，气象信息是所有人都十分需要的。那里的天气如此恶劣，变化如此之快，以至于没有细致的天气信息的话，大家很可能有生命危险。

协调员和指挥官

协调员是组织者，他们保障所有可能的物资中转、补给、人员到达和离开等。科考站的人员越多，组织就越复杂，需要的工作就越专业，包括电工、水管工、程序员等。根据科考站的大小，协调员有时也是指挥官。科考站始终需要一位统领全局的人，因为必须有人监督，以确保一切正常运行，避免发生争执，预防各种可能的问题出现。只有这样，每个人才能做好自己的工作。指挥官具有与船长相同的权力，科考站里的一切都跟他的决策紧密相关。

厨师

厨师是最重要的工作人员之一。很少有其他东西像美味的食物一样可以愉悦科考队员的心情。阿蒙森也深知这一点。在探险队里他带了厨师阿道夫·亨利克·林德斯托姆，他会烹饪可口的薄饼。阿蒙森认为，厨师为挪威极地探险队提供了比其他任何地方、任何人都重要的服务。吃饱看似是个小问题，但总是格外现实。

科学家

整个南极大陆上的人都跟科学研究有关。南极最多的人就是科学家。他们共享所有的研究结果，因为知识是客观存在的，并且是共通的，当知识传播时，它也并不会减少。科学家正在研究一切可以研究的东西。假如要列出一张南极大陆研究主题的清单，大概写满这本书的整整两页都不够。你想在南极大陆研究什么呢？

飞行员和船长

那些为整个南极大陆提供运输和物资的人必须是真正的能手。世界上没有什么地方能像南极那样考验他们的能力。飞行员必须观察瞬息万变的天气，并且判断他们是否能够返回。当飞机打算降落在白雪皑皑的平原上时，由于光线条件往往让人错判，以至于飞行员经常只能依靠仪器盲降。因为无法看到陆地所在的确切位置，南极对船只来说也不安全。船长必须警惕无处不在的冰山、风暴和强流。即使你指挥的是坚硬的破冰船，也不保证你能穿过任何地方。这样的船体形巨大，笨拙且惯性大。在高楼一般大小的冰块之间操纵一艘船，需要你具备完美的估算能力、定力和决策力。

运动员

南极大陆对于运动员来说是个巨大的诱惑。例如，极限运动员科林·奥布莱迪（Colin O'Brady）以及路易斯·路德（Louis Rudd）花了大约两个月的时间徒步穿越整个南极大陆。南极的很多山峰至今无人攀登过，它们对登山运动员来说十分诱人。"攀登第一人"的头衔是爱冒险的攀登者们难以抗拒的。

消防员

很少有人会想到南极需要消防员。由于麦克默多科考站很大，所以那里需要一个消防器材库。可能听起来不可思议，但是火灾在南极大陆的死亡原因中排第三位。由于干旱和狂风，火势会以极快的速度蔓延，所以南极有消防员是十分合情合理的。

纪录片拍摄组和艺术家

多亏了他们，我们才有机会欣赏人迹罕至的地方的美景。例如，法国摄影师兼潜水员洛朗·巴莱斯塔（Laurent Ballesta）记录了冰川下的生活，并到达了前人从未企及的深度。重达90千克的特殊潜水服使这一切成为可能，潜水员靠它可以在水下停留长达5小时。没有潜水服能够完美隔水，而在−1.8℃的水中人的皮肤会冻伤。那么巴莱斯塔为什么这样做呢？"这是出于光线的考虑。在极夜之后，水中还没有浮游生物，是完全清澈的。大海的底部就像一个源自远古的郁郁葱葱的花园。这里的水下世

马斯顿的铜版画《征服者在漫长的极地冬季的梦想》，摘自《南极光》一书，1908—1909年。

赫伯特·庞廷，从冰洞中看到的景色，背景中的船是特拉诺瓦号，1911年1月

界是独一无二的，尤其在70米的深度，让人叹为观止。而浅水区域是不稳定的环境，它被浮冰分割得四分五裂。"我们不仅可以通过纪录片拍摄者的眼睛看到人迹罕至的地方，也要感谢艺术家为我们提供了观察世界的不同视角。因此，沙克尔顿将探险画家乔治·马斯顿（George Marston）作为随行艺术家带到了他的探险队中。马斯顿创作了许多画作，并在南极有史以来第一本书的出版中发挥了重要的作用。由于沙克尔顿不想在探险中错过任何东西，因此他在探险中也带了摄影师弗兰克·赫尔利（Frank Hurley）。斯科特探险队的摄影师是赫伯特·庞廷(Herbert Ponting)。他们俩都拍摄了数百张照片，这些照片使我们着迷至今的原因不仅仅在于他们精湛的技术。

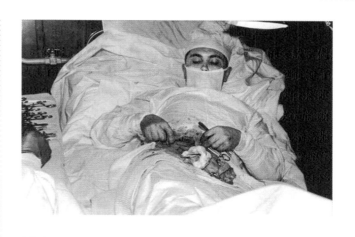

医生

南极几乎是一个无菌的环境，探险队的成员通常也健康地外出执行科考任务。尽管如此，每个科考站都有医生。这里可能是世界上人均拥有医生数量最多的地方。即使是医生自己，也会因为生病而需要其他医生。1961年的这张照片证明了这一点，它所呈现的可能是历史上最著名的阑尾手术。列昂尼德·罗戈佐夫（Leonid Rogozow)是他所在的科考站中唯一的医生，在无法转移的情况下，他通过手术镜为自己动手术，同事们在一旁协助他。手术很成功，罗戈佐夫康复了。澳大利亚站的所有成员都不允许有阑尾。极地工作人员还必须有健康的牙齿，因为它们对环境的变化最敏感，而且最容易引起健康问题。在南极，所有问题都比在家里更难解决。最好的办法是预防它们，而不是解决它们。健康问题是这样，别的问题也一样。

我们真正需要什么？

我们生活中真正需要的是什么？空气、热量、喝的、吃的……还有呢？实际上这取决于我们对生活的期望。什么是我们的生活中不可或缺的？幸福与我们拥有的东西有关吗？在没有像我们今天这样的物质条件的时候，过去人们是如何生存的？很多时候，他们活下来，只是听天由命。当一个人可以穿上羽绒服时，他就不会穿单衣去穿越暴风雪。即使我们没有陷于南极的暴风雪中，也有必要提出疑问，我们的欲望和消费是不是把我们引入了一个圈套之中？如果我们无法依靠手头那些工具，我们该怎么办？

急救箱

急救箱里面应该有些什么呢？推荐的列表有很多，具体内容取决于你所要前往的地点。捷克极地探险家雅罗斯拉夫·帕夫利切克所列举出的必不可少的东西，都写在下面的图表里了。你可以把所有东西装在一个小盒子里（例如雪茄盒），之后你还可以把它当作收集水滴的容器。在急救箱中人们应该尽可能少放东西，并且这些东西得是多用途的。例如，万能胶不仅适用于黏合，而且还可以用于点火，因为它易燃。

笔　万能胶　打火机　回形针　创可贴　针线　玻璃纤维绳　蜡烛　锯齿刀

雅罗斯拉夫·帕夫利切克长期研究人如何在几乎一无所有的条件下生存。他还写过一本《野外生存》。在南极（不仅在这里）总会发生点什么，而自救能力往往决定一个人的生死。

为了研究人类在极端条件下如何生存，他在南极建立了爱科—纳尔逊考察站。他花了十几个月的时间，学习了许多极限生存知识，然后他以此为主题在全世界进行演讲。

1. 不要丢掉头脑。

2. 手上要有鞋、打火机和急救箱。

3. 首先确保自身安全，然后保暖，之后是水，接下来才是其他东西。

4. 互相帮助。

5. 有一个备用的解决方案。

6. 节俭，包括少说废话。

7. 要么找活干，要么睡觉。

8. 多喝水。

9. 勇气不是冒险。

10. 对健康有所敬畏。

雅罗斯拉夫·帕夫利切克
（Jaroslav Pavlíček）
（※1943）

沙克尔顿探险队的故事是遵循第九条规则的好例子。多亏于此，全体探险队员才得以幸存。

南极时报

天气：风向多变，空气清新，正转为西北风
有关天气的完整报告请见第17页

第一期   2017年12月   免费赠阅

2017年冬末，当南半球的夏季开始时，我们有机会与南极进行一次亲密接触。帕夫利切克帮我们与指挥阿尔泰格二号帆船的伊尔卡·德纳克船长牵了线，带上我们一起出发。我们？是的，我，这本书的作者，还有与我一起工作多年的伙伴和艺术家耶尔卡·弗兰塔，以及我的两个儿子贾希姆和奥利弗——我认为带孩子一起工作是一件好事（尤其是当你真的很喜欢这份工作的时候）。贾希姆在南极大陆庆祝了他的13岁生日，奥利弗当时10岁。我们感觉自己在一个无与伦比的地方。群山拔地而起，周围的景色丰富多彩，天气瞬息万变，冰川雄伟壮丽，企鹅、海豹和鲸鱼毫不在意地在你周围溜达。我们完全融入了不断变化并且没有任何人工痕迹的大自然之中。居住在南极大陆的神父和自然科学家马雷克·奥尔科·瓦哈非常准确地将它称为"暴殄天物的美"。在我们沿着南极海岸航行的船上，人对时间流逝的感受完全不同。夏天太阳不会落下，所以我们的探险更像是一场梦。即使我们只看到了南极的一小部分，并且在那里只待了一小段时间，但这种经历改变了我对很多事情的看法。我们每个人形成了自己对世界的看法，哪怕对同一个事物每个人都有不同的观点。为了这本书，耶尔卡画了一组关于晕船的漫画，这与我的经历截然不同。这已经很好地说明了，即使两个人在同一地方，也会有不同的经历。

该怎么来形容这里的样子呢？
就像是你把阿尔卑斯山淹没之后再加上冰山。

贾希姆·伯姆和奥利弗·伯姆的游记片段

2017年11—12月

• 贾希姆，11月27日，星期一
我简直不敢相信，但它确实就在这里，离出发只有一会儿了，我坐在布拉格瓦茨拉夫·哈维尔机场，正饿着肚子等飞机，太好了:-)

• 奥利弗，11月28日，星期二
我们将在一个小时后降落。我们乘坐的飞机是波音747-8，这是世界第三大飞机，也是我坐过的最大的飞机。我很喜欢它。整个飞行持续了14个小时。当我们在法兰克福机场时，我就对哥哥说，要是我们可以乘这架飞机去就好了。它有两层，每

个座位前面都有一台小电视，在上面可以看到飞机前面的摄像头拍到的景象，还可以看电影。我看的电影是《神偷奶爸3》《金刚狼》和《猩球崛起》。我们在飞机上吃了晚餐和早餐，飞了一夜。

• 奥利弗，11月30日，星期四
我们在港口的一条船上，由于强风我们不能离开。不知道我们会在这里耽误多久。很激动。

• 贾希姆，12月5日，星期二
我看到了两座巨大的冰山，最开始我们在雷达上观

察了它们很长时间——大约有半个小时。我感觉这里的时间跟家里的完全不一样，船长说飞机在空间中找到自由，而船在时间里找到自由，这么说来，水上飞机的自由就在时空中了。
……
我在睡梦中说了两次梦话。我感觉，好像在这里做的梦比平常多得多。

·奥利弗，12月6日，星期三
从乌斯怀亚到南极的旅程耗时122小时28分钟（这是我测算的时间）。昨天我们在欺骗岛捕鲸站的时候，我看到一只在海边散步的企鹅，还有在岸边打滚的企鹅。那里有海燕、许多被毁坏的房屋和其他建筑物。有一座房子已经完全沉没了，只有屋顶还能看见，还有一台破烂的拖拉机。

·奥利弗，12月9日，星期六
我们停在智利的冈萨雷斯·维德拉科考站附近，在岸上，我们看到了数百只企鹅，还有一只金图企鹅。科考队成员今天到达科考站，10个人将在这里待6个月。企鹅巢周围的雪地上有大量的企鹅屎，闻起来像是牛棚旁边的味道。

·贾希姆，12月11日，星期一
南极对于我来说是什么样的？最合适的说法是，它令人着迷，人可以盯着一个东西看几个小时，

并且不会感到无聊……

·贾希姆，12月12日，星期二
我们没有在船上，但也不在岸上，我们在冰封海域海豹们"晒日光浴"的冰面上，海豹们身上血迹斑斑，可能它们刚打过架。奥利弗试图模仿它们走路的样子，我觉得不太像，但是很好笑。

·贾希姆，12月16日，星期三
我们要离开南极了，这次旅行很棒，而且过得很快。接下来我们要用5天时间横渡德雷克海峡，我现在就很确信，这不是我最后一次看到这个洁白的地方。到目前为止，没有任何其他地方能给我留下如此深刻的印象。

·奥利弗，12月19日，星期二
当我们离开南极时，我甚至没有来得及挥手，就晕船了。在德雷克海峡时还好好的。我们已经看到了坚实的陆地。我们要去哈伯顿，据船长说，我们将在那里停留大约12个小时。从南极出发，我们已经航行了五天五夜。我感觉比去南极路上时好多了，但大多数时间我还是躺着或睡着。一路上，我们看到五头好奇的虎鲸（船长第一个看到它们），一头鲸鱼猛撞到了我们的船上，爸爸当时在附近巡逻，所以跟那头鲸鱼近在咫尺。整个旅途一直有各种各样的鸟陪伴着我们。在南

极，我们看到了两种企鹅，金图企鹅是我们看到最多的（有几个企鹅群），然后是帽带企鹅，但是只有几只。我们还看到了威德尔海豹。

·奥利弗，12月22日，星期一
昨天我们在乌斯怀亚的爱尔兰酒吧"都柏林"里，那里很欢乐。我们庆祝了顺利从南极返航，

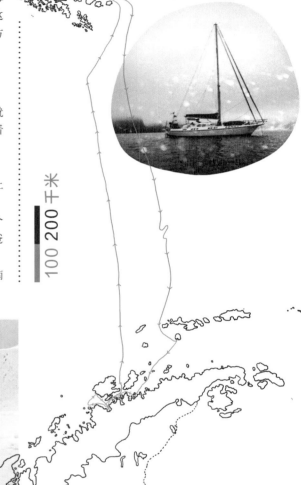

100 200 千米

2017年12月5—6日 深夜

我感觉，
我们在布宜诺斯艾利斯
的一座桥旁边，一个人从上面
掉了下来，然后钻出来一头鲸鱼
吃掉了他。早上，我还闭着眼睛，
　我又梦到我、耶尔卡，
还有爸爸在一座与之前类似的桥上，
而且那座桥上有很多小台阶，
　鲸鱼从台阶里钻出来，
　我们开始抚摸它，
　和它聊天。

我吃了炸薯条，喝了柚子汁和咖啡，船长还在因为我小小年纪就喝咖啡而感到惊讶，但是我喝得比旅行开始那会儿少了。

·贾希姆，12月24日，星期日
我们在回家的路上，整个旅途几乎已经结束，我坐在从法兰克福回捷克的飞机上，等待着最后的飞行。我真的已经很想回家了。我知道，一到家，我会用那个印着"街头霸王"图案的杯子，往里面倒进牛奶，然后切一片面包，涂上黄油再撒上盐，然后我整个人就满血复活啦。往下，还有一个半小时的飞行等我，而过去的一个月则是我永远不会忘记的一个月。这一个月过得非常快，不久前我们还在这个机场看着那架巨大的波音747-8，不敢相信它又在这里了。

当有人告诉你，南极什么都没有，你就问问他，

"什么都没有"是什么样子的？毫无疑问，南极不是这样的……

"空白"大陆

1773 英国航海家詹姆斯·库克（James Cook）可能是第一个进入南极圈的人，在他乘坐决心号和探险号进行的第二次航行中，他首次登上了一块南极圈里面的冰，但是这块冰还不属于南极大陆。

1820 1月26日，指挥"东方号"舰船的俄罗斯海军军官法比安·戈特利布·别林斯高晋(Fadděj Faddějevič Bellingshausen)写了一份关于发现南极的报告："在冰原和岛屿后面，可以看到一个被冰雪覆盖的大陆，大陆边缘很陡峭，斜斜地插入大海，伸展到我们视线可及的地方。地势向南拔起，海岸仿佛是真实的沙滩。靠近岸边的平坦的、被冰所覆盖的岛屿，可能是从这个大陆分离出来形成的，因为它们的边缘有与大陆相似的表面。"

1901—1903 在地理学家埃里希·冯·德莱加斯基（Erish von Drygalski）的率领下，"高斯号"上的德国探险队将南极海岸的一部分命名为威廉二世地。

1902—1904 斯科特首次进入南极内陆。沙克尔顿也参加了这次探险。在这次探险中，他们还使用热气球绘制了该地区的地图。

1909 由沙克尔顿带领的探险队开始向极点进发。离目的地只有160千米时，由于天气恶劣，队员们筋疲力尽，他们不得不返回。因为如果他们不这样做，他们将没有办法活下来。在南极越冬期间，沙克尔顿和同伴编写并印刷了第一本在南极出版的书，名为《南极光》。这部书是沙克尔顿计划的一部分，探险队还因此配备了一台打字机和一台印刷机。几名探险队员在出发前还完成了印刷课程。这本书采用的是木壳精装，皮革包脊的装帧方式。封面封底的木板来自于他们的物资包装盒。然后，探险队的随行画家马斯顿为这本书绘制了插图。这本书总共印了100多册，在探险队回到国内后，被分发给了探险队的成员、亲朋好友和探险队的赞助者。

1911 斯科特和阿蒙森为成为到达南极点第一人展开竞争。

1915 1915年和1916年，帝国烟草公司发布了一系列绘有南极探险场景的卡片。这些卡片随香烟一起出售。

1914—1917 沙克尔顿的探险队试图穿越南极。

1919 弗兰克·赫利（Frank Hurley）的电影《南方》在影院上映，这部影片是根据沙克尔顿在旅途中拍摄的独一无二的镜头和照片剪辑而成的。

1929 理查德·伊芙林·伯德（Richard E. Byrd）成为飞越南极第一人。

1932 瓦茨拉夫·伏伊切赫（Václav Vojtěch）加入了理查德·伊芙林·伯德的探险队，从而成为首位进入南极大陆的捷克斯洛伐克人。

1935 2月20日，丹麦、挪威双国籍探险家卡罗琳·米克尔森诺娃（Caroline Mikkelsenová）成为首位进入南极的女性。女性在南极并不容易，因为长期以来的偏见认为女人没有足够的韧性来应对极端温度和危机。1969年以前，美国国会一直禁止美国女性进入南极。

1957—1958 1957年7月1日到1958年12月31日是国际地球物理年。这个科学项目的独特之处在于，即使处在冷战下的紧张年月，仍然有67个国家参加了这个项目，并且催生了《南极条约》。

编年史

1959 《南极条约》签订！好极了！

1979 11月28日，一架来自新西兰的飞机坠入南极火山埃里布斯山。那是一次南极上空的观光飞行，票价约为1000欧元（按现行汇率，约合人民币7800元）。珠穆朗玛峰的第一个征服者埃德蒙·希拉里（Edmund Hillary）原本也打算乘坐这架飞机，但是最后他因为行程过满而错过了。飞机由于导航失误坠入了火山，机上的277[1]人全部遇难。这是南极大陆历史上最大的事故。

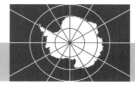

1982 以南极科考站为背景的恐怖电影《突变第三型》上映。

1984 11月20日，中国首次南极考察编队从上海启航，同年12月26日抵达南极洲。12月31日，中国南极考察队登上乔治王岛，并举行长城站奠基典礼，第一面五星红旗插上了南极洲。

2002 从这年开始，南极大陆拥有了正式的旗帜。它是由签署《南极条约》的各国代表选出来的。

2013 12月8日，金属乐队（Metallica）在阿根廷卡里尼科考站的圆顶上进行了一场名为"冰冻一切"（Freeze' Em All）的音乐会。约120名极地探险者在现场聆听了这场音乐会。其他没法进入里面的人则在大厅外用耳机听。金属乐队不是第一个在南极演出的乐队。早在2007年，来自英国科考站的科学家们就组建了独立摇滚乐队——冰原岛峰乐队。

2015 在各种操作系统中，出现了各种版本的南极表情符号。

2016 1月31日，捷克作曲家米罗斯拉夫·斯恩卡（Miroslav Srnka）和澳大利亚编剧汤姆·霍洛威（Tom Holloway）创作的《南极》在慕尼黑歌剧院首演。它由充满力量的歌剧唱段开始。创作者想表达一种筋疲力尽的感觉，因此歌声逐渐变得低沉，不再那么隆重。男中音代表了挪威探险队，因为他们的声音更加自然、朴实无华。男高音则代表英国极地探险者，他们的声音紧绷、脆弱而纤细。斯科特由男高音罗兰多·比利亚松（Rolando Villazón）饰演，而阿蒙森则由男中音托马斯·汉普森（Thomas Hampson）饰演。

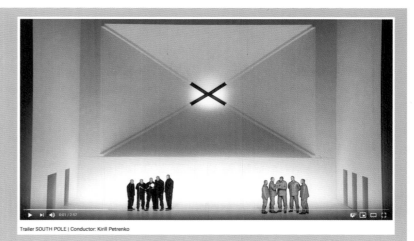

Trailer SOUTH POLE | Conductor: Kirill Petrenko

2016 在阿代尔角发现的水果蛋糕可能属于斯科特的探险队，它在寒冷中保存了100多年。"它不管闻起来，还是看起来，都像新的一样。只有当你凑近时，你才能感觉到黄油不再是新鲜的了。"一位文物保管员说。

2018 10月9日，在南极的土地上发生了首次谋杀事件。它发生在俄罗斯的别林斯高晋科考站。54岁的电工萨维奇在午饭时抓起一把刀，把它刺进了比他小两岁的焊接工别洛戈佐夫的胸膛。原因是后者一直故意透露他正在阅读的一本书中的情节。所幸的是，重伤的别洛戈佐夫最后活了下来。

在南极不允许打猎，但可以捕鱼，而且只能用于自足。那里也不允许任何人带宠物，以及一般而言不属于那里的东西。规定十分严格，甚至要检查人们的鞋底，确保没有出于疏忽而带入南极的种子。当地的自然平衡可能会因此被破坏。外来的动植物有可能为本土动植物带来灭顶之灾。这种方式是否也适用于逐渐将整个地球按照自己的想法进行改造的人类？

塑料时代

就像南极会影响整个地球的气候一样，地球另一面发生的事情也会影响南极。例如，海洋中充满了人类的垃圾。目前，超过1.5亿吨的塑料在海浪中摇曳。一个PET塑料瓶要经过100年才会分解，这意味着海洋将在很长一段时间内都是被污染的。除此之外，许多塑料逐渐分解成了被称为微塑料的小微粒。它们不可见，由于太微小了，甚至进入了我们不希望它们存在的地方，包括淡水和我们吃的很多食物（例如肉）。就这样，我们不知不觉中吃了喝了塑料。2019年，人类潜到了水面以下10927米，这是目前为止人类到达的最深的地方。当潜水艇中的船员在海底发现塑料袋和糖纸时，他有多么惊讶。垃圾先于我们征服了人类从未去过的地方。

垃圾可以成为有用的物质资源吗？荷兰夫妇埃德温（Edwin）和利斯贝斯·特·维尔德（Liesbeth Ter Velde）开始重新思考塑料垃圾。垃圾中蕴含着什么样的使用潜力还有待证明，鉴于世界上大约80亿吨塑料中有70亿吨是垃圾，这对荷兰夫妇的思考未尝不是一件好事。在一群志趣相投的爱好者的帮助下，他们用塑料垃圾通过3D打印机制造纤维，然后打印出一种轻而坚固的新塑料模块，并用它们组装了一辆有趣的车。为了证明这是一种处理废物的新方法，他们决定开着这辆车去南极，因为世界上没有什么地方拥有比南极更极端的条件来对某项新技术进行测试。这辆车被称为"太阳旅行者"，重1485千克，长16米，最高行驶速度为8千米/小时。它是完全环保的，因为它依靠太阳能运行，并且它的设备中还包括把雪变成饮用水的特制水泵。"太阳旅行者"于2018年12月12日到达南极。

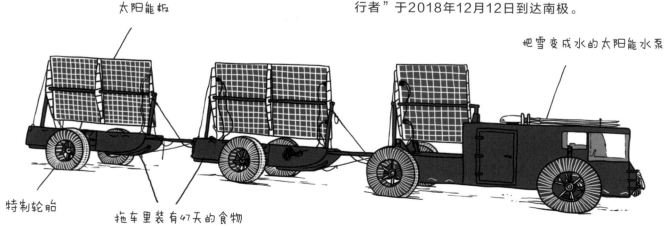

太阳能板

把雪变成水的太阳能水泵

特制轮胎

拖车里装有47天的食物

太阳旅行者

人产生的垃圾
分解需要多长时间

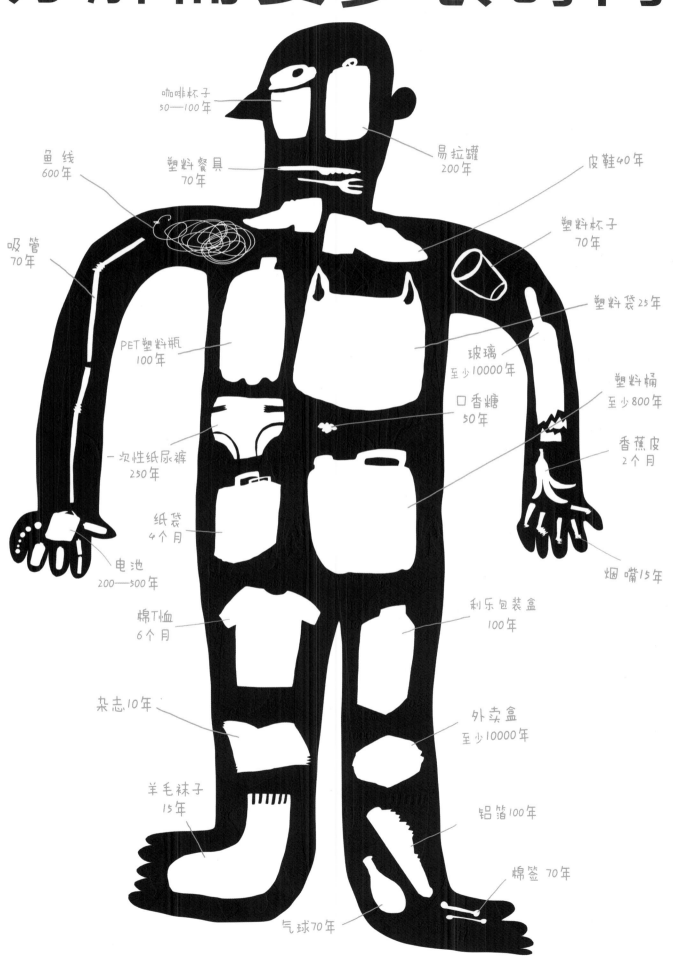

咖啡杯子
50—100年

易拉罐
200年

皮鞋40年

鱼线
600年

塑料餐具
70年

塑料杯子
70年

吸管
70年

塑料袋25年

PET塑料瓶
100年

玻璃
至少10000年

口香糖
50年

塑料桶
至少800年

香蕉皮
2个月

一次性纸尿裤
250年

纸袋
4个月

烟嘴15年

电池
200—500年

棉T恤
6个月

利乐包装盒
100年

杂志10年

外卖盒
至少10000年

羊毛袜子
15年

铝箔100年

棉签 70年

气球70年

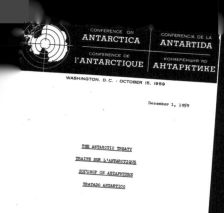

这份对于整个南极大陆
至关重要的国际公约看起来普普通通[1]。

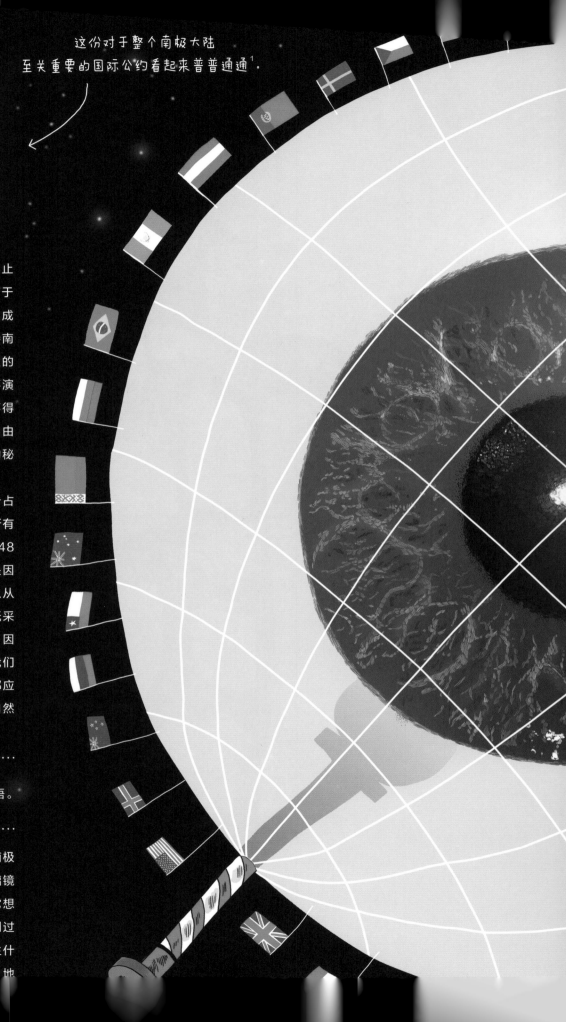

》是一个独一无二的国际公约，迄今为止
个国家加入了该协议。《南极条约》签订于
月1日，1961年6月23日生效。大家达成
将用不同于世界任何地方的方式来对待南
应该只用于和平目的。一切具有军事性质的
如建立军事科考站，建筑要塞，进行军事演
何类型武器的试验等均予禁止。任何人不得
的任何不可再生资源。这是一块致力于自由
的大陆，关于南极的认知不是任何国家的秘
面向全世界的。

或者国家都不允许将南极大陆的某个部分占
因此，在南极是什么国籍都没有关系，所有
是地球人。但是，这个条约的有效期仅到2048
在南极地区有许多不可再生的矿床。大概是因
极采矿的代价太大，迄今为止都没有人可以从
。但是，如果借助未来的某些技术可以降低采
本，或者人类对资源的需求增加了怎么办？因
长条约的有效期很重要。同样重要的是，我们
资源的理解应该与现在有所不同。所有人都应
地知道，人类不是地球的唯一使用者，大自然
仅是原材料仓库……

以四种语言书写：英语、法语、西班牙语和俄语。

极点纪念标周围有12面旗帜，它们代表了《南极
》的第一批缔约国。在它们之间立着一个玻璃镜
球，这个球会折射出周围的环境，你也可以把它想
成整个世界的一个缩影。即使我们从未亲眼看到过
个球，也能从它身上解读出，我们的地球会发生什
地球是我们的家，我们没有任何备用的行星，地

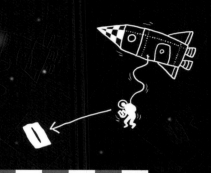

南极条约

这条横线有多长？你觉得短吗？但是如果这一条横线是从几千米的高处绘制的，这样的话这个小横线实际上就会非常长，不是吗？

与世界上大多数地方不同，南极大陆没有太多可以帮助我们估算距离的地标。当缺乏参照物时，我们可以把自己当作参照物。这样的话，什么是大，什么是小，能做什么，不能做什么，就都取决于我们自己了。1千米对于无限来说是多还是少？那1000千米或者100万千米呢？《南极条约》保证在这里的所有人都和平合作，并以传播和传递人类的知识为共同目标。请你试着想象一下，当你改变自己思考的尺度，以南极的视角看待整个地球：不仅在南极圈以内的大陆，而且在世界任何地方，人们都可以和平共处，为了人类共同的利益而携手合作。

世界上没有多少人类没有到过的地方，似乎已经没有什么可以发现的了。而这正是最艰难的任务：用前所未有的方式去重新发现世界。

我们要学会利用世界的丰富性和多样性，确保我们不会在身后留下生态灾难，确保地球仍然是一个迷人的地方，即使在1000年后我们的后代仍然可以享用这些。

什么是大 ？

什么是远 ？

什么是野性？

什么是新的？

什么是重要的？

请看看你的周围，认真想想，
你看到了什么？什么是你真正看到的……

SEE YOU
IN THE
FUTURE

*在未来相见

致 谢

感谢汉斯·科赫的信任和慷慨；

雅罗斯拉夫·帕夫利切克用南极感染了我；

耶尔卡、贾希姆和奥利弗和我一起去了南极；

感谢伊尔卡·德纳克船长，以及将我们带到了南极的船员们；

感谢捷克科学院的艾娃·塞莫塔诺娃、马萨里克大学的捷克南极研究所的负责人丹尼尔·奈夫特、布拉格循环经

济研究所的劳拉·米特洛里奥里索娃和弗朗奇谢克·马尔奇克的专业支持。

需要感谢的还有其他许多人……

没有你们的支持和帮助，这本书无法顺利出版！

文，图：大卫·伯姆

企鹅布偶缝制：蒂塔·拉寇斯塔（dr-laborator.blogspot.com）

第11页南极地图：捷克国家图书馆，sign. 19 A 12, fol. 2v.

第16—17页示意图制图人：彼得·杜尚内克

第28—31页、第42—43页、第44—45页、第56—59页图片摄影：巴维尔·霍拉克

第36—39页漫画：耶尔卡·弗兰塔

责任编辑：孙 艺

美术编辑：丁 妮

发行统筹：林 鑫

营销统筹：许宗杰

本书中文版由捷克共和国文化部资助出版，特此鸣谢！

著作权合同登记：图字：01-2020-3600 号

A jako Antarktida. Pohled z druhé strany

A wie Antarktis. Ansichten vom anderen Ende der Welt

© 2019 by David Böhm

© 2019 Karl Rauch Verlag GmbH & Co. KG, Düsseldorf

Simplified Chinese language edition arranged through Beijing Star Media Agency, Beijing & mundt agency, Düsseldorf

Simplified Chinese language edition copyright © 2021 by Daylight Publishing House

All rights reserved.

图书在版编目（CIP）数据

从南极看世界 / (捷克) 大卫·伯姆著绘；田钰译. —— 北京：天天出版社，2021.8

ISBN 978-7-5016-1710-4

Ⅰ. ①从… Ⅱ. ①大… ②田… Ⅲ. ①南极—青少年读物 Ⅳ. ①P941.61-49

中国版本图书馆CIP数据核字(2021)第076136号

责任编辑：孙 艺	美术编辑：丁 妮
责任印制：康远超 张 璞	

出版发行： 天天出版社有限责任公司
地址： 北京市东城区东中街 42 号　　　　　**邮编：** 100027
市场部： 010-64169902　　　　　**传真：** 010-64169902
网址： http://www.tiantianpublishing.com
邮箱： tiantiancbs@163.com

印刷：北京利丰雅高长城印刷有限公司	经销：全国新华书店等
开本：710×1000　1/8	印张：10.5
版次：2021 年 8 月北京第 1 版	印次：2022 年 3 月第 2 次印刷
字数：105 千字	印数：5,001-10,000 册

书号：978-7-5016-1710-4	定价：95.00 元